安全与应急科普丛书

农村生活安全知识

“安全与应急科普丛书”编委会　编

中国劳动社会保障出版社

图书在版编目(CIP)数据

农村生活安全知识/“安全与应急科普丛书”编委会编. -- 北京：中国劳动社会保障出版社，2022
(安全与应急科普丛书)
ISBN 978-7-5167-5398-9

Ⅰ.①农… Ⅱ.①安… Ⅲ.①农村-生活安全-基本知识 Ⅳ.①X956

中国版本图书馆 CIP 数据核字(2022)第 093489 号

中国劳动社会保障出版社出版发行

(北京市惠新东街 1 号　邮政编码：100029)

*

北京市科星印刷有限责任公司印刷装订　　新华书店经销

880 毫米×1230 毫米　32 开本　4.5 印张　91 千字

2022 年 7 月第 1 版　　2023 年 12 月第 4 次印刷

定价：15.00 元

营销中心电话：400-606-6496

出版社网址：http://www.class.com.cn

“安全与应急科普丛书”编委会

内容简介

自改革开放以来，我国经济迅猛发展，国家实力稳步提升，人民生活水平有了大幅度提高。尤其是国家各项助农、扶贫政策的实施，使得农村面貌发生了翻天覆地的变化，农村居民的生活水平得到了前所未有的提高，不论是衣、食、住、行，还是农村基础设施建设、农业生产加工方式，都有了很大的变化。随着新的生产、生活方式的出现，与之对应的安全问题也逐渐在农村显现出来，给农村居民的生命和财产安全造成了严重的危害。

本书紧扣农村居民日常生产生活中可能遇到的各类安全问题，详细介绍了农村居民在生产生活过程中应该了解的安全知识。本书内容主要包括农村居民日常生活安全、农村留守人群安全、农村公共场所安全、农村公共卫生安全、农业生产安全、农村畜禽养殖安全、农村新兴产业安全、农村火灾防护、农村自然灾害安全应急等。

本书内容丰富，层次清楚，所介绍知识典型性、通用性强，文字表述浅显易懂，版式设计新颖活泼，可作为政府、相关行业管理部门和农村社区安全知识科普用书，也可作为广大农村居民增强安全意识、提高安全素质的普及性学习读物。

目　录

第 1 章　农村居民日常生活安全

第 2 章　农村留守人群安全

第 3 章　农村公共场所安全

第 4 章　农村公共卫生安全

第 5 章　农业生产安全

第 6 章　农村畜禽养殖安全

第7章　农村新兴产业安全

第8章　农村火灾防护

第9章　农村自然灾害安全应急

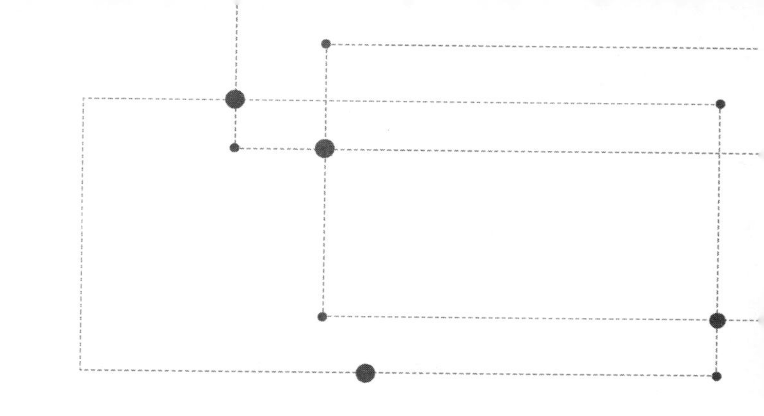

第 1 章

农村居民日常生活安全

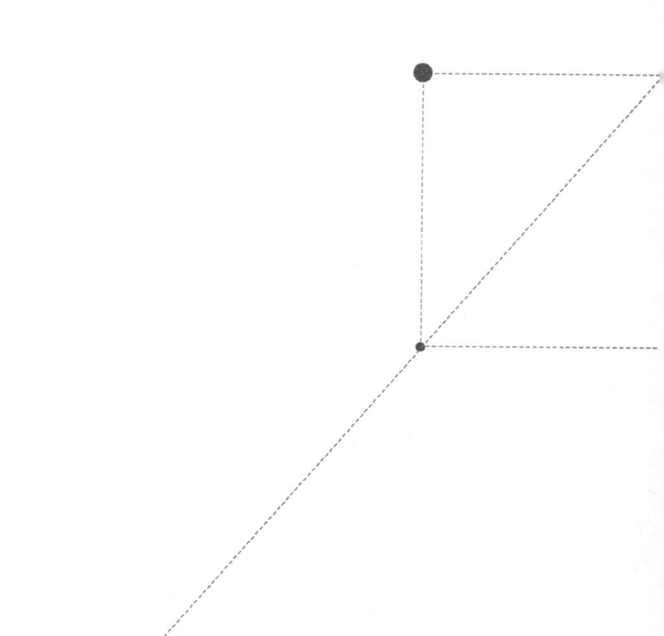

1. 食品安全

(1) 农村食品安全现状

食品安全指食品无毒、无害，符合营养要求，对人体健康不造成任何急性、亚急性或者慢性危害。近几十年来，我国食品安全状况不容乐观，影响巨大的食品安全事件频繁发生。三聚氰胺奶粉使得很多新生儿染病，有的甚至失去了生命；添加了工业染料苏丹红的红心鸭蛋时而出现在一些地方的市场上；瘦肉精猪肉以及地沟油在市场上也屡见不鲜。随着城镇食品安全监察力度的不断加大，这些有毒有害食品开始转向农村市场。一些人抓住农村食品安全监察的漏洞，在一些农村地区销售有毒有害食品，对农村居民的身体健康造成极大危害。

此外，农村居民食品安全意识差，食用变质食品引发中毒事件，也是农村食品安全的突出问题。尤其是中老年人，他们出于勤俭节约的习惯，对于一些轻微变质的食品舍不得扔，继续食用，易导致食品中毒事件的发生。食用毒蘑菇、误食喷洒农药的野菜也是引发食物中毒的重要原因。

(2) 食物中毒类型

常见的食物中毒类型如下：

1）细菌性食物中毒：主要原因是人摄入了被致病菌或其毒素污染的食物。细菌性食物中毒多发于高温、潮湿的夏秋季节，尤其是6—9月份。因为这时细菌在各种动植物上生长繁殖迅速，若动植物烹调、储藏不当或灭菌不严，一旦食用，极易发生食物中毒。

2）化学性食物中毒：发病率仅次于细菌性食物中毒。化学性食物中毒主要是农药、化肥、鼠药、亚硝酸盐及铅等有毒化学物质大量混入食品所致。

3）有毒动植物中毒：误食有毒动植物或因摄入加工及烹调方法不当、未除去有毒成分的动植物引起的中毒。常见的有毒动物有长颌鱼、河豚等，有毒植物有毒蘑菇、苦杏仁、生扁豆、发芽的土豆等。

4）真菌毒素和霉变食物中毒：如赤霉病麦中毒、霉变甘蔗中毒、霉变花生或玉米中毒等。这主要是食物在生长、收割、运输、储存、加工、销售过程中，被产毒霉菌及其毒素污染而引起的。

(3) 食物中毒预防

预防食物中毒的最佳方法就是确保食物的安全卫生，从食物的选购、处理到储存以及个人饮食卫生等各环节都要严加防范。

1）食物选购的注意事项如下：

①不从没有卫生许可证、食品安全许可证的商家购买食物。

②选购包装好的食物时，要注意包装上是否标明有效日期，不购买没有标注明确日期的食物。

③在选购蔬菜、水果方面，不能光看外表。一般情况下，绿色种植的农产品，其表面是坑坑洼洼的。

2）食物处理的注意事项如下：

①在食物处理过程中，要将食物充分煮熟，因为一般的细

菌无法在高温下存活，将食物充分煮熟可以最大限度地保障饮食安全。

②处理食物的刀具、砧板等容易滋生细菌，因此，使用后及时对食物处理工具进行清理也是保障食品安全的重要举措。

③处理生、熟食物的刀具、砧板要分开使用，以防生鲜食物上的细菌传播到熟食上。

④蔬菜、水果在食用之前一定要用清水仔细清洗，以防残留在蔬菜、水果表皮的农药、细菌对人造成危害。

3）食物储存的注意事项如下：

①做好的熟食或已经拆开包装的食物要尽快食用，以防细菌在其上滋生导致后续食用的食品安全问题。

②对于没能及时食用完的食物，要采取有效的储存措施，最常见的是覆盖保鲜膜放入冰箱保存。但是即便放在冰箱中，也不能放置太长时间，因为有些细菌在湿冷的条件下也可以生存繁殖。

③冰箱中各类食物应分开存放，尤其是生、熟食物要严格分开。

④各类生肉在储存时应保证其彻底冷冻，食用时应保证充分煮熟。

4）个人饮食卫生的注意事项如下：

①饭前便后认真洗手。

②不捕食野生动物，不食用不认识的植物、菌类。

③不喝未煮沸或者来源不明的水。

（4）食物中毒急救措施

食物中毒是一种严重的临床症状，食物中毒患者多数表现为肠胃炎症状，并与食用某种食物有明显关系。如果将食物中毒误判为肠胃炎，则将贻误治疗时机。发生食物中毒时，通常短时间内会有多人同时发病并具有相似的症状，如恶心、呕吐、腹痛、腹泻等，严重者可因脱水、休克、循环衰竭而危及生命。一旦发生食物中毒，应冷静分析发病原因，针对引起中毒的食物及服用时间长短及时采取急救措施。常用的食物中毒急救措施如下：

1）催吐法。食用有毒食物 1~2 小时，可以采用催吐法进行解毒。方法：取食盐 20 克加开水 200 毫升溶化，冷却后一次喝下，如果仍不吐可多喝几次。也可用鲜生姜 100 克捣碎取汁，用 200 毫升温水冲服。对于吃变质荤食导致的食物中毒，可服用十滴水促使呕吐，也可用勺子、手指或鹅毛等刺激舌根和咽喉部引发呕吐。

2）导泻法。食用时间超过 2 小时且精神较好时，可服用泻药使中毒食物尽快排出。可用大黄 30 克，一次煎服。老年患者选用元明粉 20 克，用开水冲服；体质较好的老年患者也可用番泻叶 15 克，一次煎服或用开水冲服。

3）解毒法。食用变质的鱼、虾、蟹等，可取食醋 100 毫升加水 200 毫升稀释后一次服下；还可用紫苏 30 克、生甘草 10 克，一次煎服。误饮变质饮料，最好用鲜牛奶或其他含蛋白质的饮料灌服。

如经上述急救，症状仍未见好转或中毒较重，应尽快送往医院。治疗过程中要给予患者良好的护理，避免其精神紧张后受凉。除此之外，还应给患者补充足量的淡盐温开水。

2. 用水安全

水是生命之源，任何生物的生存都以水作为基础支撑。一般来说，水分占人体体重的60%~70%，它在维持细胞结构正常、协助新陈代谢、调节人体体温、运输营养物质等方面发挥着至关重要的作用。水的重要性是不必多说的，一旦水出现问题，它所造成的危害是巨大的。尤其是对于农村而言，一旦水质出现问题，所造成的人和家禽牲畜的伤亡及财产损失是不可估量的。

作为生活饮用水水源的水质应满足以下要求：

1）感官性状良好，为人所接受。

2）所含化学物质和放射性物质不得对人体健康产生危害，不得导致急性或慢性中毒及潜在的远期危害（致癌、致畸、致突变）。

3）不得含有病原微生物，以防传染病的传播。

（1）农村水源现状

对于传统农村而言，一般将江河水、水库水、井水、溪水、深层地下水、浅层地下水作为日常生活用水，在缺水地区也将雨水和雪水作为日常生活用水。而这些水源一般没有相应的保护措施，很容易被外界的污染源所污染，因此水质无法得到有效的保障。尤其是随着经济的快速发展，各种污染物不按规定排放的现象时有发生，依靠自然力量无法在短时间内净化水质，导致传统的水源已经无法满足人们的日常生活需求。因此，现在的农村普遍采用集中供水，用水一般都是经自来水厂净化过后的自来水，相对而言有更高的安全性，但是如果在整个用水过程中不注意防范，用水安全问题仍有可能发生。

（2）水质影响因素

对于农村生活用水而言，其水质的影响因素一般如下：

1）微生物。大多数微生物生活在有水的环境里，水中微生物有病毒、细菌、原生动物、部分寄生虫及部分藻类，大多能引起各种疾病。水温达 100 ℃时绝大部分微生物会立即死亡或失去活性。

2）有机化合物。随着化学工业的发展，越来越多的人工合成有机物及有机农药进入水体，其中许多具有致癌、致畸、致突变的作用，且难以得到生物降解。

3）矿物质。某一地区的某种矿物元素过量或缺乏时，会导致化学元素型地方病，如氟中毒、大骨节病、砷中毒、硒中毒、克山病、甲状腺肿大等。引发化学元素型地方病的矿物元素主要是重金属和非金属有毒元素，其中还有人体必需的微量元素。

（3）饮用水安全防护措施

农村饮用水的安全防护措施可以从以下方面进行考虑：

1）水源隔离。在水源附近设置隔离设施，将水源与周边环境分隔开，在水源附近设立警示标志，建立水源保护区。

2）水源周边环境治理。严禁在水源附近设立污染性大的化工厂、造纸厂、有毒化学品仓库以及装卸油类和有毒品的码头等，严禁在水源周边倾倒垃圾、废水、废料，严禁在水源周边采矿，水源保护区内不得放牧、网箱养鱼和超量施用化肥。可以对水源地周围进行植被绿化，改善土壤环境，提高植被蓄水能力以及水源的自我净化能力。

3）饮用水日常安全管理。以前由于用水不便，大部分农村有用水缸储水的习惯。水缸中的水储存时间长，且不流通，很容易受到微生物污染，使水变质。因此，在有条件的情况下，对于水的使用以现用现取最佳，如果用水不便，应对储存的水定期进行更换，保证良好的水质。

4）消毒。目前大部分农村已采取集中方式供水，一旦水质出现问题，影响的就是一个村乃至多个村的用水安全。因此，供水企业对用水进行消毒并保证消毒的彻底性和标准性很有必要。

5）建设农村地区安全饮水管理机制，定期巡检污水、废水的排放情况，严格控制污水、废水排放。加强对农村居民生活污水、灌溉水处理的管理，如果巡查中发现居民未按规定排水、采水，要给予一定惩罚。

（4）安全饮水常识

人的生命活动离不开水，饮水时需要注意饮水方式是否安全，不适当的饮水方式对人的身体健康会造成危害。常见的安全饮水常识如下：

1）适量，不暴饮。饮水要适量，特别是在大量出汗脱水时，不能一次饮入过量。一般人每天要喝 2 升以上的水才能保持身体的水分平衡，但暴饮会加重心、肺和胃肠的负担，引发消化不良、胃下垂乃至心肺衰竭等症状。

2）定时饮水，切勿只在口渴时饮水。早晨应少量多次饮水，这样不仅可以补充夜间的水分消耗，还能促进消化液的分泌，增加食欲，刺激胃肠蠕动，有利于定时排便及降低血压。口渴时表明体内水分已经失衡，此时补水往往事倍功半。

3）喝开水，不喝生水。煮沸 3 分钟的开水无菌又能保持人体必需的营养物质。生水含致病细菌，自来水中的氯与未烧开的水中残留的有机物相互作用可产生致癌物。经常饮用生水，患膀胱癌、直肠癌的可能性增大。

4）喝新鲜开水，不喝陈水。不要喝放置时间太长的水和自动热水器隔夜重煮的开水，不喝多次反复煮沸的残留开水，不喝保温瓶中隔日的开水及蒸锅水。这些陈水虽然无菌，但矿物质已经沉淀，还可能含有亚硝酸盐等有害物质。

5）喝加盐的温热水，不喝冰水。炎热天气，大量出汗后喝开水，水分易随汗液或尿液很快排出，往往越喝越渴，还可能引起低钠血症，出现心慌、无力等症状。多喝加盐的温热水不仅可补充出汗丢失的水和盐，而且温热水进入机体后会迅速渗入细胞，使机体及时得到水分补充。冷饮虽能带来暂时的舒适感，但大量饮用会导致毛孔排泄不畅，机体散热困难，使余热蓄积，容易诱发中暑。

3. 住房安全

（1）农村房屋现状

现在的农村处于由传统向现代化转变的过程之中，其中一个突出特征便是农村中的房屋建筑既有钢筋混凝土结构，也有砖瓦、生土结构。相对而言，农村中砖瓦结构房屋较多，钢筋混凝土以及生土结构房屋较少。造成此现象的根本原因在于农村居民的经济水平。随着农村居民经济水平的提高，农村居民的住房结构以及布局也在向着更合理、更优秀、更规整的方向发展。尤其是随着国家危房改造项目的实施，农村中生土结构的房屋越来越少，基本实现了房屋结构砖瓦化，许多不可改造的房屋也进行了推倒重建，农村居民的住房条件得到了很大的改善。

但是目前农村居民住房中存在的各类问题依旧不少，主要原因有以下 3 个方面：

1）由于危房改造项目并未对农村所有房屋的整体结构进行推倒重建，很多只是进行了修补完善，因此许多经过改造的房屋在结构上依旧存在安全隐患。

2）农村居民的经济水平普遍不高，针对房屋中存在的一些问题，为了省钱一般都没有采取措施加以应对，总是抱着得过且过的想法。

3）农村房屋建筑质量安全监管不严格，有些建筑施工队伍在新建房屋用料方面不达标，施工不按相关标准规范进行，导致农村房屋质量得不到保障。

(2) 农村房屋安全隐患

房子的作用是遮风避雨，为人提供一个免受外部环境干扰、相对安全的休养生息的生活空间。农村房屋存在的安全隐患主要有以下几方面：

1）生土结构房屋安全隐患。农村生土结构房屋抗震性差，房屋稳固性没有保证。生土结构房屋中的梁柱一般为木质结构，而墙壁等一般是土砖混用、土石混用、土砌块混用、土坯与夯土混用等，材料选用随意，施工粗糙。木质结构的梁柱极易受到虫咬，且木材没有很好的稳定性，极易腐朽，从而导致房屋可用年限很短。土质结构的墙壁同样没有很好的稳定性，经过长时间的日晒雨淋，极易出现裂缝，严重时甚至会发生倒塌，给人的生命财产安全造成危害。而且现在农村中生土结构的房屋普遍都已经有二三十年的历史，老化问题已经十分严重，各种问题也都暴露出来。

2）砖瓦结构房屋安全隐患。砖瓦结构是现在农村房屋的主要结构形式。相比于生土结构房屋而言，其稳固性、密闭性以及可用年限有了很大的提高。但是砖瓦结构的墙体时间长了依旧容易产生裂缝，整体性很差，依旧有发生坍塌的可能性。其最突出的缺点便是不抗震，在地震时很容易坍塌。

3）农村房屋生物破坏问题。农村中的房屋普遍面临的一个问题是生物破坏，尤其是老鼠对房屋地基的破坏。由于农村地面多为土地，没有经过硬化处理，老鼠可以随意打洞，进入居民家中，长此以往，房屋地基便会受到严重破坏，影响房屋整体的稳固性。除此之外，由于生火做饭的需要，农村房屋都留有烟囱，这一设施为各种飞行生物进入房屋提供了途径，而这些生物的活动同样会对房屋的结构造成损害。对于一些木质结构的房屋，更要采取防虫措施，尤其是防白蚁措施，阻止其进入房屋。

(3) 农村居民住房安全

1）为保证居住的安全性，农村居民应对房屋结构进行安全检查，对于发现的安全问题要及时处理，能整改的采取措施进行整改，不能整改的应推倒重建，一切以人的生命安全为主。

2）农村中新建房屋要尽量以钢筋混凝土结构为主，如果没有相应的条件也应以砖石结构为主。只有提高房屋整体结构的安全性与可靠性，居民的住房安全才能得以保障。

3）应对农村房屋所处地面进行硬化处理，防止因为老鼠打洞而对房屋整体结构的稳定性造成损害，影响整个房屋的使用性能。

4. 交通安全

（1）农村交通现状

随着经济的不断发展，农村日常出行常用的各类交通工具也多了起来。以前农村居民的出行方式主要为步行、畜力车以及自行车，摩托车都很少见。现在农村居民的日常出行方式有了很大的改变，除了有公交车可以选择之外，居民的私家车数量也渐渐多了起来，为出行带来了方便。

交通工具种类和数量的增多在为出行带来便利的同时，也使得农村交通事故的发生频率大大增加。众所周知，交通事故的发生具有突发性等特点，且农村交通管理体系不完善，导致农村中交通事故发生频率并不比城市低多少。由于缺乏相应的交通监控设备，很多事故无法查明具体原因，导致许多交通事故未能得到有效解决，给农村居民生活带来了很大的影响。

(2) 农村交通事故发生原因

农村交通事故频发的原因主要有以下几点：

1）农村道路状况差，建筑物布局混乱，路上儿童多，交通环境复杂。

2）农村道路交通体系不完善，缺乏必要的交通指示标志以及交通防护设施，如交通信号灯、防护墙、防护墩等。

3）农村居民的交通安全意识差，缺乏必要的交通安全知识。农村中的很多驾驶员无证驾驶，没有经过专门的驾驶技能与交通安全知识的培训、考核。

4）农村车辆车况参差不齐，机动车安全技术性能差，管理不严，经常有报废车、带病车上路。

5）农村交通监察设备少，很多交通监察人员无监察设备。驾驶员在农村道路中驾驶机动车时，违反交通规则的现象十分常见。

(3) 交通安全防护措施

为减少农村交通事故的发生，可以采取以下措施：

1）货车、拖拉机严禁违法载人，严禁无证驾驶，严禁驾驶无牌机动车上路。

2）不使用非法拼装的劣质车。

3）在急弯、陡坡、临水、临崖、长下坡路段等事故多发和危险路段，注意警告标志，谨慎驾驶。

4）严禁渔船违法载人。

5）加强农村交通安全知识宣传教育，普及交通安全知识，提示出行注意事项。在学校放假前和开学后，集中组织中小学生进行交通安全教育。

6）在交叉路口和人流密度大的地方，注意安全标志和警告标志。在低等级公路和浅水位航道，要注意限载标志。

7）加强对车辆驾驶员的驾驶技能培训，让驾驶员了解各种情况的处理方法，如极端天气情况下如何去做才能保障安全驾驶。

5. 用电安全

（1）农村用电现状

随着国家发电能力的日益强大，农村电网覆盖面不断扩大，供电能力、质量以及可靠性不断提高。冰箱、电视等家电技术以及各类农业生产设备技术的不断发展，使得各类家用电器以及农业生产设备在农村得到广泛普及，大大提高了农村居民的生活水平以及生产效率，改善了农村的生产生活面貌。

但是总的来说，农村电网基础建设还比较薄弱，还不能满足农村用电快速增长的需要。农村用电基础设施还不够完善、农村电力技术人员不足、居民安全用电意识不强、输电线路老化、家庭输电线路布局不规范等问题普遍存在，电力安全隐患众多，农村用电安全状况堪忧。

（2）家庭用电安全问题

1）输电线路安全问题。随着农村家用电器的不断增多，农村家庭用电量成倍增长。但是，本该与之相应的室内线路、开关等仍是用了多年的“老古董”，容量不足，且老化严重，很容易因功率过大而导致线路不堪重负发生事故。除此之外，居民家中经常可见电线只是简单用胶布包裹一下就凑合用的现象，用电话线代替电线、用室内线代替室外线、私拉乱接的现象屡见不鲜，这些都是导致用电事故的重要原因。

2）电器使用安全问题。随着家用电器的普及，电气事故愈发频繁。一般的电气事故以触电、火灾、爆炸等形式表现出来，给人的生命、财产安全造成损害。

一般的电气事故发生原因主要有以下几个方面：

①电器本身质量不合格，带病工作，在运行中发生故障，导致事故发生。

②电器使用环境不符合要求，如将家用电器安装在湿热、灰尘多或有易燃、腐蚀性气体的环境中。

③使用时不遵守操作规范，违规操作电器，从而导致事故发生。

④电器没有漏电保护措施，未进行接地保护。

3）开关、插座安全问题。造成开关、插座安全问题的因素主要有以下几种：

①插座被易燃物压住或粉尘落入插座造成短路。插座安装在易燃易爆危险场所，插入或拔下插头时产生火花引起爆炸起火。

②插头损坏后更换不及时，或用裸线头代替插头使用，造成短路或产生火花，引起可燃物起火。

③一些床头开关在使用后被随手放置，开关撞击床架或墙壁导致外绝缘层破损，容易造成短路。

④家用电器的工作电压和工作电流与所使用插座的功率不

匹配，插座长期过载，一旦温度过高便会引起火灾。

⑤开关安装不当，特别是把开关安装在可燃物体上，一旦导线引出处的护套破损，线芯裸露，可能导致水汽渗入造成短路，从而引发火灾，或在开关断开时产生电弧造成起火。

⑥配电板没有置于接线盒内，熔丝熔断时会有灼热的金属颗粒溅落，导致下方可燃物燃烧。

⑦家庭使用的可燃气体因管道或阀门不严而发生泄漏。可燃气体与空气混合后达到一定浓度时，若使用没有消除电弧装置的开关，就会产生火花，点燃可燃气体，从而导致火灾爆炸事故发生。

(3) 用电安全防护措施

为保障农村居民用电的安全，可以采取以下措施：

1）安装用电保护装置。农村家庭大多采用“带有熔丝的刀开关+剩余电流动作保护器”组合的形式来对家庭用电进行保护。其中，刀开关俗称闸刀，是家庭用电的总开关，其下端的熔丝起过流保护作用。剩余电流动作保护器可以起漏电保护的作用，防止发生人身触电事故。

2）定期对输电线路进行检查。如果发现线路老化问题严重、外绝缘层脱落，要及时更换。此外，应保证输电线路的布局合理，远离水源、火源，且线路之间尽量不要交叉，不要出现打结的情况，尽量横平竖直。

3）对电气设备、插座、开关进行定期检查，一旦发现问题，应及时修理更换。

4）了解安全用电知识，提高用电安全防范意识。例如，不能用湿手触碰、修理电器，不能赤手赤脚修理家中带电的线路或设备，家中无人时关闭电气设备，等等。

(4) 触电急救措施

当发生触电事故时，及时采取正确的措施对触电者进行救治，可以有效减轻触电者所受伤害。触电急救措施一般包括如下 4 个方面：

1）发现有人触电要立即切断电源。如果电线破损，应使用干燥的木棍或其他绝缘物挑开。如果无法切断电源，应穿胶底鞋或站在干燥的木板上施救，用绝缘物体将触电者推离电源或用绳索套住触电者手脚将其拖离，千万不能接触其身体。

2）立即检查触电者伤势。如果触电者心搏和呼吸停止，应立即进行人工呼吸和胸外心脏按压，直到其恢复心搏和呼吸，等医生到来后进一步施救。

3）对已恢复心搏的触电者，不要随意挪动，以免其心室再次颤动导致心搏停止，应等待医生到来或等触电者完全清醒后再移动。

4）局部电灼伤可用盐水棉球擦净后，外涂烧伤药进行治疗。

6. 燃气安全

(1) 农村燃气使用现状

随着管道燃气的发展和推广，农村燃气的使用得到了普及。农村中常用燃气为天然气，沼气与水煤气也有一定的使用率。相比于传统的柴火和煤，燃气无疑具有更高的燃烧效率，且天然气、沼气、水煤气等可燃气体都属于清洁能源，燃烧的主要产物为水和二氧化碳，符合国家提倡的生态环境保护的理念以及国家可持续发展战略。随着燃气设施的普及以及燃气管道的增多，农村燃气使用率不断提高。据华经产业研究院所提供的数据，到 2019 年，我国城镇燃气普及率已经达到 97.29%，农村的燃气普及率也达到了 20%。

燃气的使用给农村居民带来了很多便利，但燃气使用不当、燃气设施故障造成的燃气事故也给农村居民的生命和财产造成了极大的危害。

（2）燃气使用安全问题

在燃气使用过程中，常见的伤害事故有火灾、爆炸以及燃气中毒。相关平台统计，2020 年媒体报道的全国燃气事故 548 起，造成 84 人死亡、670 人受伤。其中，室内燃气事故 327 起，占事故总数的 59.67%；造成 78 人死亡，占死亡总人数的 92.86%；受伤 657 人，占总数的 98.06%。从以上数据可以发现，室内燃气事故是造成人员伤亡的主要燃气事故。

据研究分析，造成室内燃气事故发生的主要因素有以下几方面：

1）使用者不遵守燃气设备操作规程，导致燃气设备在使用过程中出现异常情况，进而导致事故发生。例如，汤锅煮沸，锅内物质外溢到燃气灶上，导致熄火、燃气泄漏，造成燃气事故发生。

2）使用燃气设备后没有及时关闭燃气阀门，导致燃气泄漏，造成燃气中毒事故发生。

3）使用者缺乏安全意识，没有定期对燃气管道进行检查，未及时发现并处理管道连接件锈蚀、胶管老化严重、熄火保护开关损坏、炉盘严重腐蚀，或者由于老鼠啃咬而导致胶管破损等问题，导致事故发生。

4）燃气设备本身质量不过关，存在某些问题和隐患。

5）使用者不具有专业的知识和技能却私接燃气管道，致使燃气管线布置混乱、管道固定不牢、穿墙管未设套管、管道穿墙未有效封堵、管道与电源安全间距不足等，埋下了事故隐患。

6）人的主观因素，如故意破坏燃气设备、使用燃气自杀等，导致燃气事故发生。

7）农村居民对儿童的燃气安全教育缺乏，儿童误操作燃气设备导致燃气事故发生。

(3) 燃气事故预防措施

为了减轻燃气事故对生命和财产所造成的危害，应采取必要的预防措施，通常从以下几方面进行：

1）定期对燃气管道以及燃气设备进行安全检查，用不锈钢波纹管代替传统橡胶管，保证管道、设备的安全性和可靠性。

2）掌握燃气使用安全知识，增强燃气使用安全意识，自觉遵守相应操作规程，安全用气。除此之外，还应加强对儿童的监护，使其远离燃气设备。

3）在燃气设备中设置过流阀、熄火保护装置以及燃气自闭阀等安全保护装置，提高燃气使用安全水平。

4）严格监督管道铺设工程。管道的设计、沟槽开挖、回填、管道铺设及验收等应严格遵守工程设计和施工的规范。

5）燃气企业要定期对燃气管网进行安全检查，排除事故隐患。

6）燃气企业要建立健全安全管理规章制度和安全操作规程，层层落实燃气安全责任制，做到专人负责、分工明确、责任落实。

（4）燃气事故应急措施

事故的发生是不可预测的，即使预防措施做得再好，在某些偶然因素的作用下，事故仍会发生。因此，在做好事故预防措施的基础上，仍应掌握事故发生时的应急措施，这对减少人员伤亡和财产损失有着极其重要的作用。

燃气事故一般分为燃气中毒事故以及火灾、爆炸事故。

1）燃气中毒事故应急措施如下：

①由于天然气、沼气等比空气轻，因此当进入事故现场救援时应匍匐前进。

②迅速打开所有门窗，关闭燃气阀门。

③将中毒者转移到通风保暖处，使中毒者平卧，解开其衣领、腰带以利呼吸顺畅。轻度中毒者可自行恢复；对于重度中毒者，要立即呼叫救护车，尽快送往有高压氧舱的医院。

④转移中毒者时要注意保暖。特别是在冬季，寒冷刺激不仅会加重缺氧，还可能导致末梢血液循环障碍，诱发休克，甚至导致死亡。

⑤将昏迷的中毒者头部偏向一侧，以防其将呕吐物吸入肺内而导致窒息。

⑥对已无呼吸的中毒者，应立即进行口对口人工呼吸。

2）燃气火灾、爆炸事故应急措施如下：

①在使用燃气过程中发生火灾时，应立即关闭燃气阀门，切断气源。

②当火势较大来不及关闭阀门时，应在一定的安全距离之外使用灭火器进行灭火，可以使用的灭火器有干粉灭火器、二氧化碳灭火器等。

③当液化气罐着火时，应使用湿毛巾、湿棉被将火焰扑灭，并立即关闭阀门。

④当觉察到将要发生燃气爆炸事故时，应该立即远离燃气设备，不要尝试去处理，尽快拨打消防报警电话，通知消防人员。

7. 煤炭使用安全

（1）农村煤炭使用现状

煤炭曾是我国各行各业的首选能源。煤炭的使用为我国工业的发展立下了汗马功劳，但是其在使用过程中产生的大量污染物对我国环境尤其是大气环境造成了严重的污染。

为治理大气污染，落实“绿水青山就是金山银山”的可持续发展理念，我国对煤炭使用提出了限制措施。对于广大农村，国家提倡以气代煤、以电代煤，并且在某些地区设置了禁煤区。国家电网有限公司相关资料显示，北方“煤改电”冬季清洁取暖项目取得重大突破，2017 年完成替代电量 246 亿千瓦时，减少散烧煤 1 300 万吨以上。但对于部分偏远、不发达地区的农村而言，冬季通过烧煤取暖依旧是人们度过严寒的主要手段。

(2) 煤炭使用安全问题

煤炭使用中存在的主要安全问题是燃煤时所产生的煤气易引发煤气中毒事故。煤炭燃烧所产生的煤气含有一氧化碳，其无色无味，很难被人所察觉。一氧化碳与人体血液中血红蛋白的结合能力比血红蛋白与氧的结合能力强两三百倍，容易使血红蛋白失去输氧功能，导致人窒息，危及人的生命。

除了煤气中毒之外，还应注意煤炉使用过程中可能引发的火灾、烫伤事故。对于使用煤炉取暖的农村居民而言，要注意煤炉使用过程中的防火措施。例如，不能在煤炉旁堆放干草、麦秸等易燃物品，预防煤炉通风口中冒出的火星将可燃物点燃而引起火灾。除了发生火灾之外，因为煤炉的高温而造成的居民烫伤事故也屡见不鲜，尤其是当家中有儿童时，更要预防煤炉使用对儿童造成危害。

(3) 煤气中毒事故预防措施

预防煤气中毒事故，主要从提高燃煤设备的密闭性以及人的安全意识方面着手，具体措施如下：

1）对煤炉以及输送煤烟的烟筒密闭性进行定期检查，发现烟筒发生锈蚀、破损或煤炉密闭不严时，要及时更换烟筒或炉具。

2）定期清理烟筒煤灰。烧煤过程中产生的煤灰极易在烟筒内积聚，时间长了就会形成絮状凝聚物，堵塞烟筒，影响煤烟的排放效率。因此，要定期清理烟筒中的煤灰，以每 2~3

个月清理 1 次为宜。

3）排烟的烟筒出口处要安装弯头，出口要向上且不能朝北，不然容易发生煤气倒灌。

4）晚上休息前，要仔细检查煤炉是否封好。

(4) 火灾、烫伤事故防护措施

1）煤炉旁边不要放置易燃物，如秸秆、干草等。

2）煤炉应该布置在房屋中的角落里，不能妨碍人的正常行动，以防人在行动过程中因注意力不集中而碰触煤炉造成人身伤害事故。

3）如果家中有儿童，在使用煤炉时不能让儿童接近煤炉，以防因儿童安全意识差、行动力不强而造成严重伤害事故。

4）当家中无人时要将炉火熄灭。

5）在倾倒煤灰时，要注意煤灰中是否有未燃尽的煤炭块或零星的火星。如果有，要及时将其熄灭，排除火灾事故隐患。

8. 农村生物危害

农村相对于城市而言，其环境更加原生态，更加接近于大自然本来的面貌。得益于农村良好的生态环境，许多野生动物得以生存繁衍，因此人的生存空间极可能与野生动物的生存空间相交叉。而生存空间一旦交叉，野生动物可能会与人发生冲突，从而导致危害事故的发生。除此之外，家养牲畜、禽类以及某些植物也会对人的生命和财产安全造成危害。

(1) 农村常见生物危害

农村常见的生物危害大致可以分为两种：一是对人的生命健康安全造成的危害，即人身危害；二是给人带来的经济损失，即财产损失。

1）人身危害的具体内容如下：

①农村山林及野地中存在的有毒或者具有攻击性的虫类、蛇类及食肉类动物对人身安全所造成的危害。

②蚊虫叮咬所造成的病毒传染危害。

③家养畜禽失控给人身安全带来的威胁。例如，犬类因某种原因失控而对人撕咬造成的人身伤害，以及在撕咬后由于犬类本身所携带的病毒对人体造成的危害，大型牲畜失控后冲撞、踢打而造成的人身伤害。

④养殖过程中，畜禽排泄物会对周边环境造成污染，降低人的生活质量，且受污染的环境有利于蚊虫、微生物繁殖，会给人的健康、安全带来危害。

⑤误食有毒植物而给人带来的危害，如食用有毒野菜而造成的食物中毒等。

⑥有些植物的表皮、尖刺中含有毒素，当人不小心与该植物接触且产生伤口时，就会导致中毒。

⑦病毒、微生物所引起的传染病对人的生命健康、安全造成的危害。

2）财产损失的具体内容如下：

①某些素食类野生动物对农作物所造成的损害。

②某些小型食肉动物进入居民家中捕食家禽造成的财产损失。

③蝗虫、蝼蛄等农业害虫造成农作物减产而导致的财产损失。

④外来野生动植物对当地生态环境平衡造成破坏，导致农作物减产，从而造成经济上的损失。

（2）农村生物危害预防措施

可以从以下几个方面采取措施预防生物危害：

1）加强对家养畜禽的安全管控措施，防止牲畜失控后对人身安全造成危害。

2）定期清理畜禽产生的排泄物，消除污染源，保持畜禽饲养环境干净整洁，不为各类有害微生物、蚊虫的滋生提供条件。

3）在山林、野地中遇到蛇类等具有攻击性的野生动物时，不要主动上前挑衅，在不引起其注意的情况下尽量远离。

4）不轻易去深山老林之中，如果必须前往，最好多人结伴而行，防止遇到大型野生动物而无力应对。

5）不轻易触碰、食用不认识的野生植物及其果实。

6）对于外来的动植物，要严格把控其生存状态，如果对当地生态系统造成破坏，要及时采取措施予以处理。

7）居民家中应做好安全防护设施，防止野生动物进入。

（3）农村生物危害应急措施

当生物危害已经发生，就需要采取针对性的措施以减少伤亡与损失。一般可以从以下几个方面进行考虑：

1）当人受到生物物理伤害（如动物的踢打、碰撞）时，需要立即将动物与人分隔开，并采取一定的措施对人进行救治，如果伤情严重需要立即送往医院。

2）如果由于动物撕咬而造成了皮肤破损，除了对伤口进行包扎处理之外，应立即到医院进行免疫接种，防止动物自身所带病毒对人体造成更大的伤害。

3）如果在野外被蛇、蜘蛛等生物袭击，需要初步判断该生物是否具有毒性，如不能确切排除该生物无毒，应采取措施迅速排出伤口处血液，并用绷带、绳索勒紧伤口，防止血液快速流通，然后打电话求救。在等待救援的过程中，记住袭击者的特征，为后续施救提供方向。

4）若饲养的家禽已经患病，要立即判断其患病原因，并采取措施进行隔离，尽快处理患病家禽，以免对人造成伤害。如情况严重，应向当地畜牧部门报告。

5）如果发生特大农业虫害，须立即采取措施扑灭虫灾，同时尽快收割农作物，减少损失。

6）食用不明植物造成中毒的，应立即将患者送往医院，并带上致毒植物。

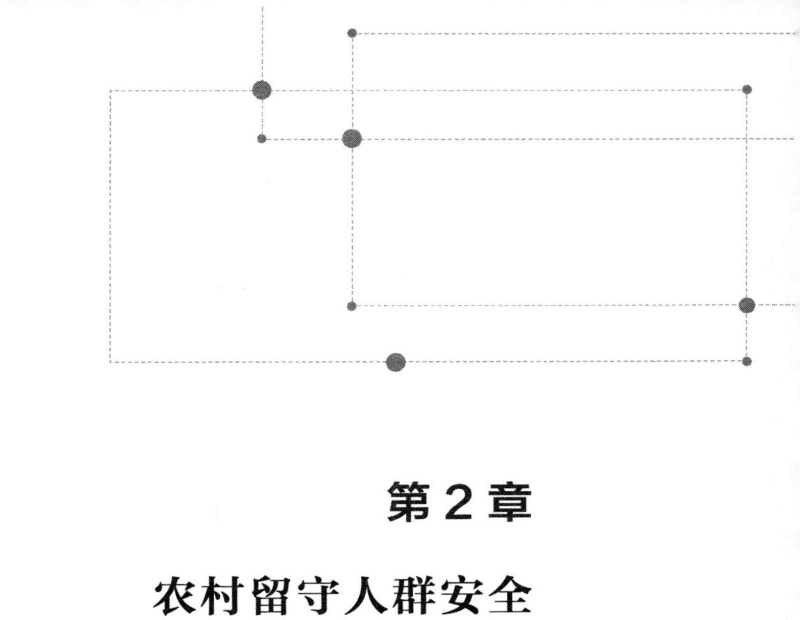

第 2 章

农村留守人群安全

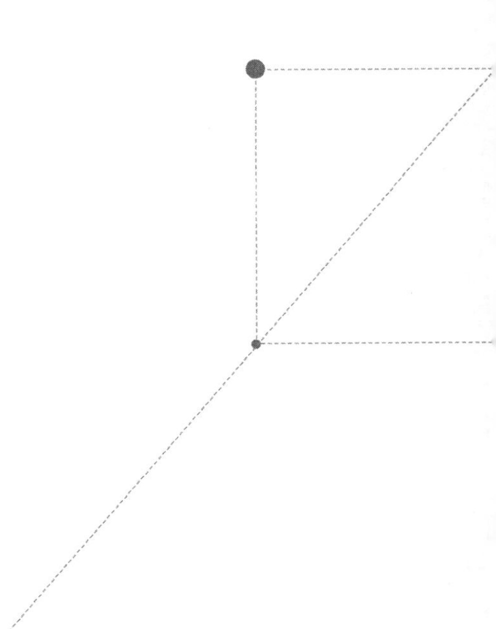

9. 农村留守人群构成

随着经济的飞速发展，社会上提供给年轻人的岗位、发展机会越来越多。对于农村中从事农业种植的农民而言，外出打工几个月的工资可能比在农村忙碌一年所获得的报酬还要丰厚，因此越来越多的年轻人外出务工，寻求新的发展。农村中的留守人群多为老人、妇女以及儿童。

一般而言，农村中的留守人群普遍具有以下特征：一是文化水平低，大多都没有完成系统性的学习教育；二是安全意识差，缺乏相应的安全知识积累与技能培训；三是劳动能力和个人防护能力低下。这些特征造成留守人群不论是在生产生活还是个人防护方面都存在很大的短板，不仅给他们的生活和安全带来不利影响，也大大影响了农村经济、社会的发展。

如果留守人群的问题得不到解决，长此以往，会对他们的身体健康和心理健康造成不可逆转的恶性影响。尤其是对于儿童而言，没有父母的陪伴，担心家中老人的身体，担心父母在外的状况，时间长了产生严重心理问题的概率会大大增加。因此，采取措施改变留守人群的安全状况对于维护留守人群的身心健康、构建和谐社会意义重大。

10. 农村留守老人安全

（1）留守老人安全问题

对于农村留守老人而言，由于子女不在身边，几乎所有的家庭负担都压在了他们的肩上，有些子女在外地没时间管理孩子，还得由老人来帮忙抚养。随着年龄的增长，人的生理机能会弱化，身体素质变差，劳动能力下降，因此，在诸多负担存在的情况下，老人极易患病，并且在生活过程中也极易发生各种安全问题。留守老人日常生活中存在的安全问题主要有如下 6 个方面：

1）各种新兴事物频繁出现导致老人跟不上时代的步伐，以致他们在使用各种新型家用电器及其他设备时很容易发生伤害事故。

2）老人参与农业生产活动时，因为体力不支、身体素质差，很容易发生伤害事故。

3）农村留守老人的收入少，很多老人为了省钱，有病不愿到医院医治，身体受到了极大的伤害。

4）老人患病一般具有突发性，如果病情严重且无人在身边照看时，很容易错过最佳治疗时机，导致极其严重的后果。

5）长久以来老人的精神需求得不到满足，会让老人有自己是多余的想法，从而产生轻生的念头。

6）农村留守老人的住所一般都是一些老房子，年久失修、电路老化问题严重，安全隐患多，很容易导致各类伤害事故的发生。

(2) 留守老人安全问题应对措施

针对农村留守老人普遍存在的安全问题，应采取有效的应对措施。

1）子女方面的应对措施如下：

①增强赡养老人的意识与责任感。如果父母年岁已大，尽量就近工作，多陪陪父母。

②如果为了家庭生活不得不外出打工，也应该与父母保持密切的联系。随着电子信息技术的发展，子女可以经常与父母视频通话，了解父母的生活状况，也让父母了解自己最近的生活状况，满足父母的精神需求。

③不论身处何地，子女都应保证父母的生活条件良好，保证父母的生活需求得到满足，为他们营造良好的物质生活环境，不让他们为生活发愁，让他们有病能及时得到治疗。

2）农村社区层面的应对措施如下：

①农村社区可以通过多种渠道，积极争取政府以及社会各界人士对农村留守老人工作的支持和帮助。

②组织多种多样的老年文化活动，丰富老人的日常生活。

③组织关爱留守老人的公益活动，去老人家中进行慰问和帮忙，如帮助老人打扫卫生、修理电器，给予老人关爱。

④推动构建和睦的邻里关系，号召农村居民关心留守老人生活安全，尤其是鼓励留守老人的邻居在日常生活中给予老人更多关心与帮助。

⑤成立留守老人生产生活互助小组。农忙时，留守老人可以相互帮忙照看孩子，交流农业信息；平时他们可以相互倾诉

自己的苦闷，排解内心郁结，促进身心健康。

3）政府层面的应对措施如下：

①应针对农村留守老人普遍存在的问题，建立相应的农村社会保障制度，完善农村医疗体系。

②应号召社会各界人士积极投身关爱农村留守老人的行动之中，建立农村养老机构，保障留守老人的日常生活需求。

③对针对老人的各类欺诈行为予以严厉打击，保障老人的生命财产安全。

11. 农村留守妇女安全

（1）留守妇女安全问题

留守妇女是农村留守人群中的主要群体之一。现在农村中的留守妇女年龄大多在 30～50 岁，文化水平普遍较低，个人安全防范意识也较差。当农村中青壮年劳动力外出打工后，她们就成了家中的主要劳动者，负责一家人的日常生活琐事、畜禽的喂养以及农活，无论是心理还是身体上的负担都很大。农村留守妇女常见的安全问题如下：

1）女性劳动能力相比于男性来说依旧有一定的差距，因此面对繁重的农活，她们在劳动过程中很容易发生伤害事故，或者长期劳作得不到有效休息而导致身体健康出现问题。

2）留守妇女文化水平不高、安全意识较差，在日常生活中容易遭受各类诈骗，从而造成财产损失和心理伤害。

3）女性在社会中属于弱势群体，面对一些不法分子入室抢劫、性侵害事件时，她们没有能力很好地保护自己。

4）长时间的劳作以及生理、心理上的负担使得很多留守妇女出现了严重的心理问题，心理问题积累到一定程度后，便会引发一系列安全事件，造成不可估量的损失。

（2）留守妇女安全问题应对措施

1）加强对农村留守妇女的安全意识培养，定期开展安全教育知识讲座，为她们普及安全防范知识与技能，提高留守妇女的自我保护能力。

2）建立农村阅览室，为留守妇女提高自己的文化水平提供便利，让她们在学习中提高自己的安全意识和心理素质。

3）营造关爱留守妇女的良好氛围，留守妇女之间可以成立互助组织，相互帮助，解决生活中遇到的一些难题。

4）农村社区可以举办各类文化活动，如看电影、听戏，或者举办文体比赛，丰富留守妇女的生活，帮助其建立积极的生活态度。

5）随着社会经济的发展，农村中除了农业种植外，也出现了其他一些可提供经济收入来源的岗位，如电子商务中的客服等。农村社区可以努力多为农村留守妇女安排此类岗位，将留守妇女从繁重的农业劳动中解放出来，提高其生活质量。

12. 农村留守儿童安全

（1）留守儿童安全问题

相较于老人和妇女而言，儿童各方面的阅历及知识经验都更加欠缺，应对外来的诱惑及有害因素的能力更低，因此农村中留守儿童面临的安全问题更加严重，表现在以下几方面：

1）心理安全问题。留守儿童的父母常年不在身边，大多由老人照顾，有些由其他亲戚代为照顾。但是，不论托付给谁，都代替不了父母在孩子心中的地位，长期得不到父母的教育和关爱，很容易导致孩子性格孤僻，与父母关系逐渐疏远。很多留守儿童因长时间没有得到有效的监管，产生厌学心理，逐渐染上了很多恶习，最终走上了违法犯罪的道路。尤其是现在网络技术发达，各种信息在网上传播，许多留守儿童因心理上的空虚而寻求刺激，浏览不良信息，时间长了很容易形成不良的人生观和价值观，影响其一生的轨迹。

2）人身安全问题。农村中留守儿童面临的人身安全问题主要如下：

①农村街边的各类小吃、小卖部中的各类零食一般都不卫生，儿童过多食用很容易对身体健康造成危害，严重时还会发生食物中毒事件。

②农村交通管理体系不完善，儿童交通安全意识欠缺，因此儿童在往返学校途中或在玩耍时如果没有监护人在身边，很

容易发生交通事故，危害儿童的人身安全。

③农村中的山水园林生态环境比较好，如果儿童在没有监护人跟随的情况下去这些地方玩耍，很容易发生伤害事故，尤其是儿童溺水事故时常发生。

④如果没有监护人的陪伴，农村中的儿童容易被人贩子盯上，儿童的反抗能力差，一旦被盯上很容易被人贩子抓走。

（2）留守儿童安全问题应对措施

为保护留守儿童的安全健康，可以从以下方面采取措施：

1）加强对留守儿童的教育管理。学校可以开展多种多样的文化、体育活动，在一个安全的环境中丰富留守儿童的日常活动与社交关系，帮其摆脱孤独，培养其面对生活的积极态度，防止各种心理疾病的产生。

2）学校应积极开展安全教育工作，让儿童了解哪些东西不能吃、哪些地方不能去、遇到坏人应该怎么做，提高儿童的安全意识与应急能力。

3）重视对留守儿童的应急安全教育，通过演习的方式让其掌握基本的安全知识与技能。

4）加强对留守儿童的网络安全知识教育，儿童应尽量在监护人的陪伴下接触网络，避免接触网络上的不良信息。

5）监护人应加大对留守儿童的监护力度，不仅要注重他们身体上的成长，更要参与到他们的人生观、价值观的建立中来，多与他们沟通，保障他们健康成长。

6）农村社区应积极开展留守儿童关爱活动，建立一套切实可行的留守儿童保护制度，号召农村居民积极关爱留守儿童，为他们的健康成长护航。

7）对于拐卖儿童进行谋利的团伙，鼓励人民群众举报，杜绝拐卖儿童现象。

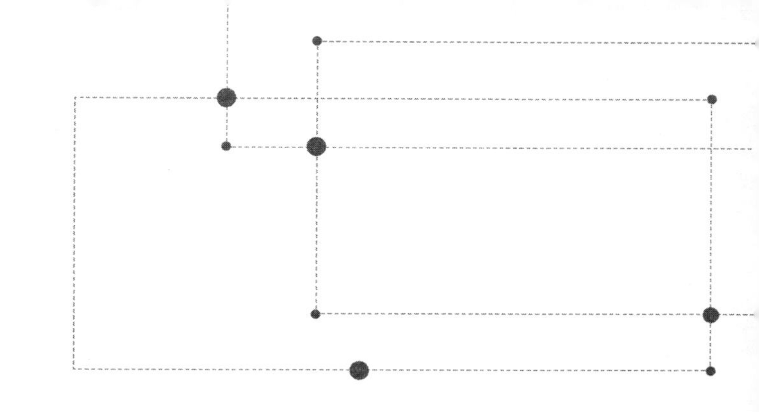

第3章

农村公共场所安全

13. 农村公共场所集会安全

（1）公共场所集会主要安全问题

农村公共场所集会时的主要安全问题为拥挤踩踏事故。农村人口虽然没有城市密集，但是举办集市、庙会、灯会、社火、商品展销等活动时往往人山人海，容易发生踩踏事故。农村拥挤踩踏事故的特点如下：

1）发生时空不定。公共场所人群密度越大的时段，越有可能发生拥挤踩踏事故。

2）诱发原因众多。进入公共场所的人数超过承载容量、通道单一且狭窄常会导致拥挤踩踏事故。廉价促销、派发奖品等活动，以及地震、火灾、冰雹、恐怖袭击等突发事件常会引发踩踏事故。有时人群前进时个别人跌倒也可能引起混乱和骚动，造成踩踏事故。

3）事发突然，难以控制。往往几分钟内就可聚集大量人员，导致拥挤和踩踏，造成伤亡。

4）群死群伤，危害巨大。死伤少则数十人，多则数百人，幸存者心有余悸，精神创伤极大。大型娱乐活动发生的惨剧所造成的经济损失和社会影响难以估量。

（2）公共场所集会安全措施

为了保证公共场所集会能安全有序进行，一般应做好以下工作：

1）改进公共场所安全设施，具体措施如下：

①根据场所最大容量确定安全通道数量，避免出入口处人群过于密集。

②保证合理的安全出口宽度，一般应不小于 1.4 米。

③保证安全出口畅通，举办活动时不要只顾防盗或防逃票而关闭安全通道。

④利用栅栏、路障对大面积开阔地进行区域分割，将人群分区并严格控制每个区域的人数，保证各区域行进路线相对独立，避免交叉。

⑤确保大型活动的人群进出场路线为单向行进。

⑥增设紧急照明设备，帮助人们选择适宜的离场路线。如果只有少量灯光，多数人会本能地趋光，拥向亮处而不顾周围和脚下，也不考虑亮处是否安全。

2）进行周密的安排。防范公共场所拥挤踩踏事故的关键是建立应急机制，加强管理和疏导。在大型活动开始前要分析现场环境，确定适宜的容量，预测可能到场的最大人员数量，充分考虑各种可能的偶然因素和情况变化，制定应急预案并进行演练。

3）切实落实工作人员疏导责任。突发事件中，人们具有明显的从众心理，充足的现场指挥和疏导人员可以有效地稳定群众情绪，制止个别人的狂躁行为，引导人群有序地撤离到安全区域。信息不充分是所有危机事件的共同特征，谣言更是引起恐慌的根源。如果能在出现意外情况时通过现场广播或大声喊叫告知人群真实情况，可以大大减少人群的恐慌情绪与盲目行动。

4）加强公众安全教育。加强宣传和教育，提高公众的安全素质是控制和减少公共场所突发事件的根本措施。安全教育分为安全知识教育和安全技能培训。通过安全知识教育，引导公众正确评估周围环境的危险性。通过安全技能培训，向公众传播正确处置危险的知识和技能。两个方面的安全教育相辅相成，缺一不可。

(3) 拥挤人流中的自救措施

当身处拥挤人群之中时，采取一定的自救措施对保障自己的人身安全意义重大。拥挤人流中的自救措施主要如下：

1）遭遇人群拥挤事件时，要时刻保持头脑清醒，发现人群朝自己所在的方位涌来，可躲于路边商店、房屋或其他空地，不要凑热闹盲目卷入人流。

2）身不由己陷入人群时，要保持直立，千万不要弯腰系鞋带或提鞋。

3）尽量抓住旁边的柱子、电线杆等坚固牢靠物体，设法摆脱人流。

4）带着孩子遭遇拥挤人群时，千万不要手牵孩子走，一定要把孩子抱起来。

5）如果不慎被挤倒，应尽量减小身体与地面的接触面，用手保护头、脸、颈等重要部位，尽量减轻所受伤害。寻找人群中的空隙设法重新站立起来或钻到边上摆脱人流。

14. 公共场所应急物品储备

农村公共场所主要包括活动中心、广场等人流量大的场所。为应对突发情况，减轻突发事件造成的人身伤害和财产损失，应在公共场所中配备相应的应急物品。常备的应急物品主要有消防设备和医疗急救物品。

（1）消防设备

火灾是日常生活中最易发生的事故之一，如果没能在火灾初期将火扑灭，可能会造成人员伤亡等严重后果。因此，在公共场所中配备符合场所规格的消防设备已经成为惯例。农村公共场所应配备的消防设备包括灭火器和消火栓。除此之外，公共场所中还可以配置消防沙、高压水枪等。

随着建筑消防技术的不断发展，现在很多建筑物中还配置了雨淋灭火系统，一旦发生火情，烟雾或温度传感器将所采集的信号传到控制系统即可控制雨淋灭火系统进行灭火。随着农村城镇化的不断推进，这也将是农村公共活动中心的一个建设标准。

（2）医疗急救物品

农村中老人、儿童众多，而且在公共场所活动的主要人群也是老人和儿童。在公共场所活动时，这两类人群极易发生事故。儿童活泼爱动，但控制能力低，很容易摔倒磕碰，造成身体上的损伤；老人患病具有突发性，且病情变化快，如果救援不及时极易造成不可挽回的后果。因此，在公共场所配备常用的医疗急救物品十分必要。应该配备的医疗急救物品如下：

1）伤口处理物品，主要包括医用纱布、绷带、止血带、创可贴、碘酒、棉棒、三角巾、保鲜膜、医用酒精等。

2）伤员移动设备，如担架、轮椅等。

3）紧急抢救药品，如肾上腺素、洛贝林、阿托品、利多卡因、速效救心丸等。这些药品一般具有救命的作用，应按需及时给患者服用。

4）其他医用物品，如体温计、镊子、冰袋、热水袋、拐杖等。

15. 农村公共设施安全

（1）农村公共设施安全问题

随着经济的不断发展，农村公共设施的建设也在逐步完善之中，道路设施、文体娱乐设施、农田水利设施、供电供水设施、医疗卫生设施的建设都取得了相应的成果。但是各类设施都有其使用期限，随着时间的推移，许多设施会出现各式各样的问题，如果不能及时解决，会对农村居民造成危害。农村公共设施安全问题举例如下：

1）水泥路面因长时间使用导致表面坑坑洼洼，行人尤其是老人很容易摔倒，从而造成人身伤害。

2）有些文体娱乐设施由于使用时间过长，表面的漆皮已经脱落，长时间的风吹日晒使得设施各连接件都已锈蚀，连接不牢固，人在使用时很容易因连接件脱落而造成人身伤害事故。

3）输电线路、供水设施因长时间使用而严重老化，导致用电、用水安全事故发生的概率大大增加。

4）公共设施更新换代不及时、医疗卫生设施中各类设备不完善，给农村居民带来诸多不便，达不到设施建设的目的。

(2) 农村公共设施安全管理

目前农村普遍存在公共设施管理制度不健全、管护措施不当、管护资金不足、管护主体单一以及农村居民对公共设施的管护意识淡薄等问题。针对公共设施管护中存在的问题，可以采取以下改进措施：

1）建立健全公共设施定期巡检制度。对于供电供水设施，由专业人员定期进行检查；对于一些基础娱乐设施，村内可安排人员进行定期巡检。

2）宣扬公共设施保护理念，号召大家爱护公共设施，减少人为损坏事件。

3）加大农村基础设施建设的资金投入力度。对于出现问题的设施，及时进行修整更换；对于各类设施中欠缺的设备，应及时补充更新。

4）完善农村公共设施管理制度，建立健全管护组织架构，加强对农村公共设施工程建后管护工作的组织领导，层层制定和落实农村公共设施项目管护措施、管护标准和管护责任。

5）发展农村集体经济，提升农村公共设施建设、管护能力。

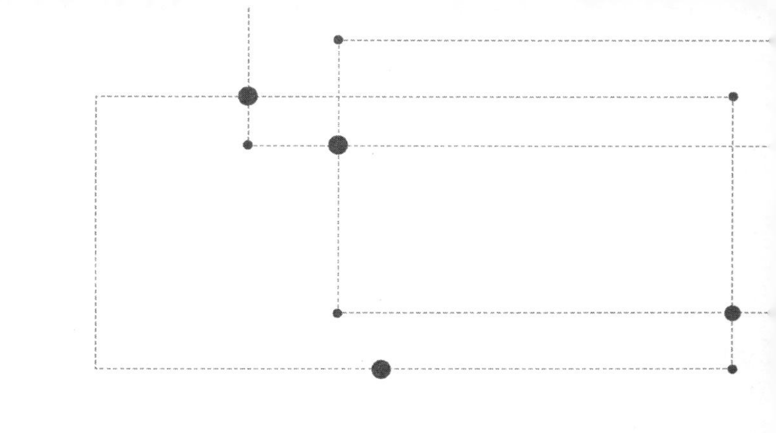

第 4 章

农村公共卫生安全

16. 农村医疗卫生现状

相较于21世纪初，现在农村的医疗卫生条件已经取得了显著的进步，农村居民的生命安全保障水平有了很大的提高。但是总体而言，农村现有的医疗卫生水平依旧无法满足农村居民的健康需求，与农村经济、社会发展水平并不匹配。当前农村医疗卫生状况如下：

（1）农村医疗综合基础差，卫生资源缺口太大，医用防护物资严重不足。

（2）优质医疗资源短缺。有些地区农村医疗机构中的医疗设备配备情况几乎为零，除了必备的注射器、听诊器、血压计之外，其他器械很难见到。且农村医疗机构中一般只配备常用药物，药物种类少，且数量也不多，很难满足农村居民的健康需求。

（3）高层次医务人员严重不足。在农村医疗机构中，医务人员学历及职称普遍较低，年龄偏大，专业水平参差不齐，因此，很多农村居民对农村医疗机构的医疗水平持怀疑态度，不能放心就医。

17. 农村居民用药安全

要保证用药的安全性与有效性，就必须了解各类药品的性能、使用方式、使用剂量、保存方法以及对于特定药品而言哪些人群不能使用等相关知识。接下来从家庭常用药品分类、家庭医疗物品配备、药品保存知识以及用药注意事项 4 个方面对用药安全进行介绍。

（1）家庭常用药品分类

随着生活水平的提高和医药卫生知识的普及，许多家庭都备有日常药品以应对小病小伤。家庭常用药品分为以下几种类型：

1）抗生素，如麦迪霉素、复方磺胺甲噁唑、诺氟沙星、小檗碱（又称黄连素）、克霉唑等。

2）消化不良药，如多酶片、复合维生素 B、吗丁啉等。

3）感冒类药，如感冒清热颗粒、病毒灵、连花清瘟胶囊、银翘解毒片、板蓝根颗粒等。

4）解热止痛药，如去痛片、对乙酰氨基酚（又称扑热息痛）、阿司匹林等。

5）胃肠解痉药，如 654-2 片、复方颠茄片等。

6）镇咳祛痰平喘药，如咳必清、心嗽平、咳快好、舒喘灵等。

7）抗过敏药，如扑尔敏、赛庚啶、息斯敏等。

8）通便药，如大黄苏打片、麻仁丸、开塞露等。

9）镇静催眠药，如安定、苯巴比妥等。

10）解暑药，如人丹、十滴水、藿香正气水等。

11）外用止痛药，如伤湿止痛膏、镇痛膏、麝香追风膏、红花油、活络油等。

12）外用消炎消毒药，如酒精、紫药水、红药水、碘酒、创可贴等。

（2）家庭医疗物品配备

为应对突发疾病，农村每个家庭都应备有小型便携式急救箱。急救箱要放在易于取放之处，不能让儿童接触到。箱内应有一张紧急电话号码表，包括农村医疗机构、社区卫生站、急救站、急救中心等的电话号码，以及一本急救手册，以备查阅。平时应注意辨认箱内用品，以便关键时刻能正确使用。急救箱应装备以下物品：

1）外伤救护用品。常备救护用品有脱脂棉、纱布、胶布、外用绷带、棉棒、三角巾、保鲜膜、创可贴、毛巾等。除此之外，还应配备云南白药、红花油、烫伤膏、蛇药、眼药水等药品。

2）消毒和保护用品。应备有口罩、乳胶手套、一次性导气管、肥皂或洗手液、消毒纸巾、外用酒精、风镜等。

3）急病或小病药品。应备有感冒药、消炎药、退烧药、助消化药、止泻药、止咳糖浆、葡萄糖粉、爽身粉等。中老年人可备治疗心脏病的急救药，如硝酸甘油、速效救心丸等。

4）其他常用物品。应备有体温表、剪刀、镊子、手电筒、热水袋（可做冰袋用）、秒表（测脉搏用）、缝衣针或针灸针、火柴、一次性塑料袋等。

（3）药品保存知识

家庭用药以治疗常见病、多发病、慢性病药物为主，要少而精。一个药瓶或药盒只装一种药，并贴上标签，写明药名、规格、用途、用法、用量及注意事项。小儿用药及剂量要单写。内服药与外用药要分开存放并明确标示清楚。经常检查，一旦发现破损、变质或过期失效，坚决弃之不用。以下药品应注意防热、避光和防潮：

1）易挥发药品用后要密闭，应存放在 30 ℃以下阴凉低温处。

2）甘油栓、安那素栓、痔疮栓、洗必泰栓、小儿退热栓和眼药膏应置于 2～15 ℃的低温处储存，以防受热变形。

3）胃舒平、碳酸氢钠、三硅酸镁、多酶片、颠茄片、安络血片、苯妥英钠片、酵母片、阿司匹林、硫酸亚铁等药品受潮后易变质，应置于干燥处。

4）气雾剂应存放于阴凉处，避免受热和日光直射，外出携带要防止挤压和撞击。

5）胶囊或胶丸受热会软化、破裂、漏油甚至整瓶黏结。冲剂类药品的制作添加了大量糖分，受热易黏结成块，密封不严还容易生虫。因此，上述药品要低温密封存放。

6）中药制剂添加了较多的蜂蜜与红糖，夏季易发霉生虫，蜡封药丸在高温下易裂开而导致变质，应该注意防热。

（4）用药注意事项

1）防止不分病情、对象和药物性能滥用药物。这种做法轻者无效，重者延误时机而使病情加重，甚至导致死亡。家庭用药只是针对常见病和易确诊的小病，遇重病和疑难病症必须求医，自己不能随便乱用药。

2）尽量减少联合用药。有些药物联合服用会使疗效降低或毒性增加。

3）严格按照说明书使用药品，大人和小孩的用药量要区分。

4）防止药物过敏。过敏体质或有药物过敏史的人，应格外小心用药，尤其是磺胺类药。

5）要用温开水服药，不要用茶水或牛奶甚至酒水服药。

18. 农村传染病防治

（1）农村常见传染病

传染病是各种病原微生物（病毒、细菌、立克次氏体等）感染人体后所产生的具有传染性的疾病，能在人与人之间、动物与动物之间相互传染和流行。传染病一旦暴发就会给社会造成巨大危害。

传染病具有流行性、地方性、季节性的特点。传染病痊愈后，人体对同一种传染病病原体产生不感受性，称为免疫。不同的传染病病后免疫状态有所不同，有的传染病患病一次后可终身免疫，有的还可再感染。

国家根据传染病的传染性将传染病分为甲、乙、丙三类，具体内容如下：

1）甲类传染病也称为强制管理传染病，包括鼠疫和霍乱。

2）乙类传染病也称为严格管理传染病，包括传染性非典型肺炎、艾滋病、病毒性肝炎、脊髓灰质炎、狂犬病、流行性乙型脑炎等。

3）丙类传染病也称为监测管理传染病，包括流行性感冒、流行性腮腺炎、风疹、急性出血性结膜炎、麻风病、流行性和地方性斑疹伤寒、黑热病、包虫病、丝虫病等。

国家规定，甲类传染病在发现之后，城镇 6 小时、农村 12 小时之内必须向疾病控制机构报告；乙类传染病在发现之后，城镇 12 小时、农村 24 小时之内必须进行报告；丙类传染病在 24 小时之内必须进行报告。其中，乙类传染病中的传染性非典型肺炎、人感染高致病性禽流感、肺炭疽需要按照甲类传染病进行强制管理。

（2）传播途径

病原体从传染源排出之后，会通过一定的途径进入其他生物体内，完成病毒的传播过程，这个过程所经过的途径称为传播途径。传播途径主要分为五大类，分别是呼吸道传播、消化道传播、接触传播、虫媒传播以及血液传播。

1）呼吸道传播。呼吸道传播主要是指病原体通过病人或隐性感染者的空气飞沫来进行传播。常见的呼吸道传染病有流行性感冒、肺结核、腮腺炎、麻疹、百日咳等。

2）消化道传播。消化道传播主要是指病原体通过粪—口途径，或者是被污染的水源、食物、餐具等进行传播。常见的消化道传染病有蛔虫病、细菌性痢疾、甲型肝炎等。

3）接触传播。接触传播可以分为直接接触传播与间接接触传播。直接接触传播是指传染源与易感者直接碰触而造成病原体的传播，间接接触传播是指易感者接触了被传染源的排泄物或分泌物污染的日常生活用品而造成的传播。常见的接触传染病有血吸虫病、沙眼、狂犬病、破伤风、淋病和大多数性病。

4）虫媒传播。虫媒传播主要是指一些含有病原体的虫子与人体接触而引起的传染病。常见的虫媒传染病有乙型脑炎、

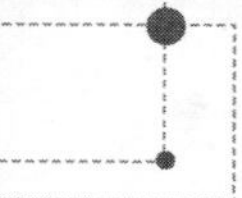

莱姆病、疟疾、鼠疫等。

5）血液传播。血液传播主要是指生物体有破损的皮肤接触了含有病原体的血液，或者生物体输送过含有病原体的血液而完成的传播。常见的血液传染病有乙型肝炎、丝虫病、艾滋病等。

需要注意的是，同一种传染病有多种不同的传播方式，不同的传染病也可以通过同一种传播途径来进行传播。

（3）传染病预防措施

传染病一旦发生，其所造成的危害是巨大的，因此应采取各类预防措施，从源头将其扑灭。预防措施分为个人预防措施以及社会防控措施。

1）个人预防措施具体如下：

①养成良好的卫生习惯，提高自我防病能力，特别注意饭前便后要洗手。

②加强体育锻炼，增强对传染病的抵抗力。

③按规定进行预防接种以提高免疫力，尤其是 7 岁以下的儿童。

④搞好环境卫生，消灭传播疾病的蚊、蝇、鼠、蟑螂等害虫。

⑤传染病患者要早发现、早报告、早诊断、早隔离、早治疗，防止交叉感染。

⑥不吃不干净的食物，不饮不卫生的水。

⑦对传染病患者接触过的用品和居室必须进行严格消毒。

⑧一旦自身成为传染病患者或是病原携带者，应在家中采取必要的隔离措施。如果是呼吸道传染病，要注意戴口罩；如

果是消化道传染病，应实行分餐制。预防艾滋病应洁身自爱，如果怀疑自己得了艾滋病，要及时到正规医院进行抽血检验。

2）社会防控措施具体如下：

①严格执行传染病疫情报告制度，卫生防疫部门和医疗保健人员不得指使或授意他人隐瞒、谎报疫情。

②对病原携带者进行管理与必要的治疗。特别是食品制作及供销人员、炊事员、保育员等要定期检查，及时发现疫情，及时治疗和调换工作。

③对传染病接触者须进行医学观察、集体检疫，必要时采取免疫措施或药物预防。

④对动物传染源应隔离治疗，必要时宰杀并消毒。

⑤对易感者有计划地进行疫苗接种，提高人群的特异性免疫力。

（4）突发传染病应急处置措施

如果突然暴发传染病，需要立即采取措施控制传染病蔓延，降低感染人群的数量，具体内容如下：

1）农村中出现或疑似出现传染病症状后，须立即联系医院，说明情况，同时将患者隔离安置，等待医务人员到来。

2）若经医院诊断该村中患者的确患有传染病，医院须立即报告疾病控制机构，启动传染病应急预案，对村落进行封闭管理，防止传染病扩散。

3）医院相关研究人员须立即开展传染源调查工作，尽早明确传染源以及传染病传播方式，为传染病防治提供相应依据。

4）医务人员在做好安全防护措施的条件下须积极对患者

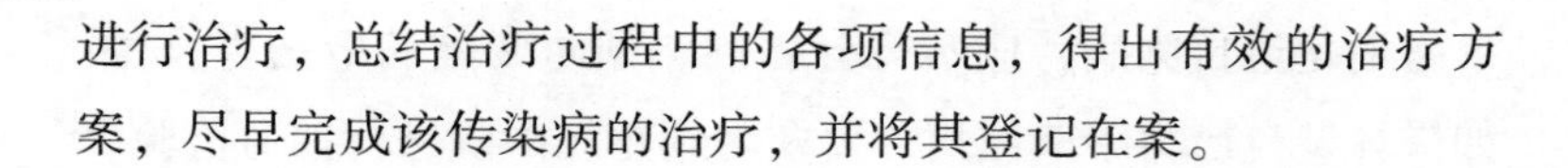

进行治疗，总结治疗过程中的各项信息，得出有效的治疗方案，尽早完成该传染病的治疗，并将其登记在案。

19. 农村人兽共患病防治

（1）人兽共患病的概念

人和动物共患病又称人兽共患病，是指在人类与脊椎动物之间自然传播的疾病，常见的有严重急性呼吸综合征（SARS）、禽流感、狂犬病、疯牛病、鼠疫等。

人兽共患病是威胁人类健康和阻碍畜牧业发展的大敌。鼠疫曾波及我国 20 个省（区）的 549 个县，仅 1900—1949 年全国发病人数就达 115.6 万人，死亡 102.9 万人。血吸虫病流行范围达 200 多万平方公里，患病人数在 1 100 万人以上。2003 年春季发生在广东、香港特区并迅速蔓延至多个省、市、自治区的 SARS 曾造成极大的经济损失和社会恐慌，数千人被隔离，数百人死亡。

（2）人兽共患病发生的原因

人兽共患病的流行和蔓延必须具备 3 个相互关联的条件，即传染源、传播媒介及途径、对病原易感染的人和动物。三个环节的连接或断离都与一定的自然条件和社会条件密切相关。

社会经济与客观环境的改变为人兽共患病的暴发、流行创造了外部条件。人类社会在不断进步的同时，也使得自然环境和政治经济环境发生了某些不良变化。人类活动对动物自然栖息地的侵占与环境破坏、人类与野生动物接触、农业集约化、森林减少、捕食野生动物、药物滥用及耐药性等，都为人兽共患病的发生创造了条件。

(3) 人兽共患病防治措施

针对多数人兽共患病，可以从以下几个方面采取措施进行预防：

1）不吃生肉、生血、生蛋、半熟肉等未熟透的动物食品。

2）生、熟食菜板、刀具要分开使用，以防生肉刀具、菜板上所携带的动物病毒沾染到熟食上。

3）生吃的姜、蒜等根茎类食物要用流水充分洗净，以防因为施肥时牲畜粪便中所携带的病毒残留在植物根茎处，导致人食用后感染。

4）牲畜养殖场所应与人的居住环境隔开，这样可以有效防止动物自身携带的病毒通过空气传播给人。

5）人畜粪便经发酵过后再用作肥料，可以减少经粪便在人畜间传播的疾病，如猪囊尾蚴病、牛囊尾蚴病等。

6）畜禽养殖人员、兽医人员、屠宰人员要注意自身防护。这些人员与畜禽接触时间最长、最为密切，是人兽共患病最易发生的人群。因此，做好相应的安全防护措施，如养殖过程中戴好手套、口罩，与畜禽接触完毕后进行必要的消毒，可以有效预防人兽共患病的发生。

7）不得出售患病及病死畜禽，不得将患病动物低价卖给屠户急宰销售。

8）保护野生动物，不捕食野生动物。很多新型疾病的病

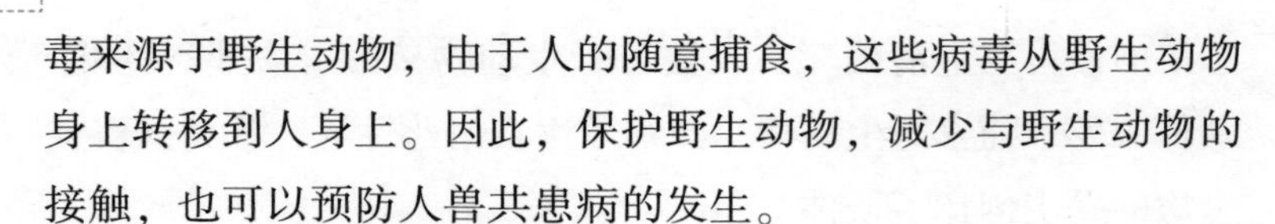

毒来源于野生动物，由于人的随意捕食，这些病毒从野生动物身上转移到人身上。因此，保护野生动物，减少与野生动物的接触，也可以预防人兽共患病的发生。

9）不到死水塘、水沟等处洗澡及饮水。这些地方一般都是细菌、病毒的滋生地，某些人兽共患病的病原体在此积累，一旦与人接触，就会导致人体感染。

20. 农村个人卫生管理

（1）个人不卫生的危害

1）很多传染性疾病的发生和传播都是人不注意个人卫生接触各类细菌、病毒而导致的。

2）不注重个人卫生，家庭环境脏乱，会给各类细菌以良好的生存空间，大大提高个人的发病率。

3）若不经常洗浴，患皮肤病的概率会大大增加，在给自己带来经济负担的同时也带来极大的痛苦。

4）病从口入。不经常洗手、刷牙会使得细菌、病毒随食物进入人体内的概率大大增加，提高各类疾病的发病率。

5）随地吐痰、乱扔垃圾等个人不卫生行为不仅会污染环境，也会对他人的身体健康造成危害。

（2）农村个人卫生管理

农村个人卫生管理主要从个人卫生清洁、家庭卫生清洁以及个人卫生文明行为 3 个方面来进行考虑。

1）个人卫生清洁。农村居民应做好个人卫生清洁工作，首先要加强卫生安全防护意识，切实了解做好个人卫生的重要性，然后养成勤洗手、勤洗澡、勤理发、勤剪指甲、早晚刷牙、保持衣着干净整洁的良好卫生习惯。

2）家庭卫生清洁，具体应做好以下工作：

①农村居民应自觉保持家庭卫生干净整洁，做到日日打扫，室内无明显尘埃、污渍，对于日常产生的生活垃圾要及时清理，不在家中堆放。

②饭后及时清洗餐具，清理灶台，保障饮食安全，防止细菌、病毒在烹饪、饮食残留污渍中滋生。

③保证被褥、床单干净整洁，并及时清洗更换。

④室外应经常打扫，尽量不要有杂物堆放，尤其是厨余垃圾等。这些杂物不仅容易滋生细菌，还易招来老鼠、苍蝇等有害动物，增加个人健康风险。

⑤农村中的厕所是细菌、蚊虫滋生的一个主要场所，因此要定期进行清理，避免为重大疾病事故的发生创造条件。

3）个人卫生文明行为，具体应做好以下工作：

①农村社区应加强对农村居民的卫生文明宣传教育，提高居民的道德素养和社会卫生责任感。

②农村居民应做到不随地吐痰、不乱扔垃圾、不随地便溺，自觉保持公共场所环境的干净整洁。

③农村居民要有整体意识和奉献精神。发现道路或公共场所中存在垃圾时，应主动进行清理，自觉维护公共环境卫生。

21. 农村环境治理

（1）农村环境污染源

随着农村经济的发展，农村环境污染源越来越多样化。现在农村中常见的污染源有以下几种：

1）乡镇企业工业污染，具体分为以下几类：

①乡镇企业的大气污染。大部分乡镇企业产生的大气污染物主要有灰尘、烟尘等颗粒物及二氧化硫、一氧化碳、氮氧化物、碳氢化合物等有害气体。其中，二氧化硫和氮氧化物是形成酸雨的主要成分，碳氢化合物是形成光化学烟雾的主要成分。

②乡镇企业的水污染。乡镇企业未经处理的废水通过管道与沟渠排入水体是造成水污染的主要原因，其中建筑业、机械加工业和矿业废水中有害物质以无机污染物为主，农产品加工业和造纸业废水中有害物质以有机污染物为主。

③乡镇企业的固体废弃物污染。乡镇企业的固体废弃物主要是废渣、废料、煤矸石、垃圾和废弃建材，由于不易分解，长期大量堆积会占用耕地并使土壤性质变差。

2）农村人畜粪便污染。现代农业大量使用化肥，使得人畜粪便在农田中的使用逐渐减少，从而导致人畜粪便大量堆积。目前，绝大多数农村还没有建立对生活粪污的处理设施，因此人畜粪便对环境的污染日益严重。

3）农用化学品污染。农用化学品包括化肥、农药、兽药、饲料添加剂等。我国多数农村的化肥和农药施用数量过大，不但造成浪费，而且成为主要的环境污染源。许多农药、兽药毒性较强，过量施用会残留在环境中，直接危害人畜健康。

4）农村垃圾污染。随着农村居民生活水平的提高，农村垃圾的组成成分发生了很大变化，生活用品废弃物和包装废弃物明显增加，炉灰和建筑垃圾的比例也很大。这些物质难以分解或分解速度很慢，如果随意丢弃，对环境危害很大。

5）焚烧秸秆污染。过去，秸秆是农村居民的主要生活燃料。目前，农村地区大多已改烧煤或天然气，加上农村劳动力紧张，作物收获后通常将秸秆一烧了之，释放出烟尘和一氧化碳、一氧化二氮等有害气体，造成收获季节严重的大气污染。

（2）农村环境治理措施

1）农村企业整治措施如下：

①农村工业要合理布局，不要引进污染严重的企业，同时避免将污染较重的企业建在谷地和盆地等空气不易扩散的地方。

②改进燃烧设备和方法，改变燃料构成，使燃料尽可能地充分燃烧。企业使用的含硫煤可掺石灰以吸收硫，减轻酸雨的危害。

③使用高烟囱与集合式烟囱可加速污染物的扩散和稀释。

④森林具有过滤有害物质、净化空气的功能，所以在村庄周围应多种树。

⑤严格执行有关环境保护的法律法规，新建乡镇企业和工程项目必须经过环境影响评价，执行相应的安全管理制度。污

染严重的企业和工程项目必须限期治理，布局不合理的应关、停、并、转、治、迁。

2）垃圾和粪便的无害化处理。要实现垃圾的无害化处理，首先要进行垃圾分类，将金属、废纸、塑料、玻璃、电器等回收加工再利用；厨房剩余物可用作畜禽饲料，或与其他有机垃圾一起用作沼气池的原料；无法利用的炉灰与建筑废料等可采取沟谷或废弃矿井填埋的方法处理。

对于粪便，可以建立粪污统一处理设施，实现其资源化利用。一是与秸秆混合堆肥；二是通过厌氧发酵生产沼气用作燃料，沼液、沼渣仍可作为肥料；三是用作饲料原料，尤其是鸡粪含有较多的粗蛋白，有很高的饲用价值，但是需要经过除臭处理。

3）秸秆的综合利用。解决秸秆焚烧污染的最好办法是对秸秆实行综合利用。一是将秸秆粉碎直接还田；二是可用作食草动物的饲料，经食草动物过腹后再还田；三是将秸秆压块成型，并进行炭化或集中热解、气化处理后用作生物质燃料；四是可用作堆肥，使用催腐剂或速腐剂可加快堆肥发酵速度；五是可用作食用菌生产的基质；六是用作生产沼气的原料；七是用作造纸、编织和建材生产的原料。

4）农用化学品污染的防治。科学使用农药和化肥，实行配方施肥、使用缓释化肥可减少化肥的浪费和过量化肥的流失。严格遵守操作规程可减轻农药对人体的危害，使用生物农药和低毒高效农药可大大减轻农药的毒性和减少农药的残留。要加强法制管理，严禁使用剧毒农药和国家明令禁止使用的兽药、饲料和食品添加剂。

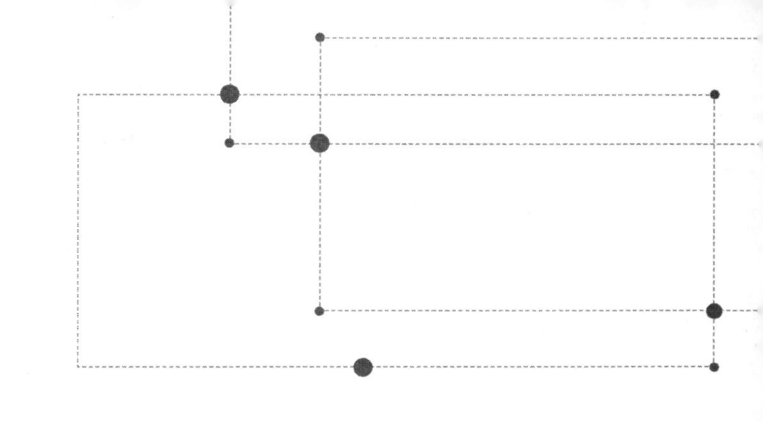

第 5 章

农业生产安全

22. 种子选用规程

（1）种子选择不当的危害

实现农业生产高质量、高产量目标的第一步便是选择合适的种子进行种植。如果种子质量得不到保障，那么其对农业生产带来的危害就是毁灭性的。种子选择不当的危害一般有以下几种：

1）如果选择的种子不适应当地气候条件或者购买的种子存在严重的质量问题，那么相应的农作物产量就会降低，严重时甚至会颗粒无收。

2）种子是各类病原物度过各种恶劣环境的重要场所，如果在对种子进行加工时处理不彻底，很容易导致农作物病害，引起农作物减产。

3）种子选择不当给农民所带来的是经济上与精神上的双重打击，对农民造成的危害是巨大的。

（2）种子购买注意事项

农产品增产增收，首先取决于购买到优良、纯正的种子，避免上当受骗。购买种子时要先学会以下几点：

1）选择合法种子经营单位。要到合法种子经营单位购买良种，不能为了贪便宜到执照不全或无执照的非法单位购买。

2）购买有包装的种子。种子必须加工、分级、包装才能向农民销售。散装种子容易被不良商贩掺杂作假，且事后追偿也困难。

3）学会看标签。种子标签必须标明产地、种子经营许可证编号、质量指标（纯度、净度、发芽率、水分等）、检疫证明编号、净含量、生产年月、生产商名称、生产商地址以及联系方式等。如果标签内容不全，质量是无法得到保障的。

4）学会保护自己的权利。农民有权根据自己的意愿购买种子，任何单位和个人不得干预。付钱的同时要索取购种发票，要清楚写明所购种子的品种、名称、数量和价格。

5）妥善保管相关物品。种子使用后要保管好所购种子的包装、标签、品种说明书和发票，并留下少量种子（至少1小包没打开过的）保存，直至收获后，以备出现问题时用于检验和鉴定。

（3）种子出现质量问题的解决途径

播种后，如果因为种子质量原因而引起出苗率低、产量低等后果，要保护好现场，不要随意将作物拔掉，并及时与经营单位联系反映情况，经证实是质量问题的可要求赔偿。如果经营单位不理睬、态度不积极或赔付不合理，应及时向当地种子管理部门、市场监督管理部门、消费者协会投诉，直至向法院起诉。

23. 化肥、农药安全使用知识

(1) 化肥、农药使用不当危害

化肥、农药使用不当可能造成的危害如下：

1）购买质量不过关的化肥、农药，不但起不到相应的作用，还会对农作物本身造成巨大的危害。

2）化肥、农药的使用应符合一定的剂量标准，用量过小起不到提供养分与杀虫、除草的效果，用量过大又会造成资源浪费、污染生态环境、破坏土壤质量，所以应严格按照说明书使用。

3）化肥、农药的过多使用会导致残留在农作物中的化肥、农药成分超标，人食用后会对人的身体健康造成巨大危害。

4）化肥、农药对环境的危害是巨大的。由于化肥、农药种类庞大，其各成分扩散方式多种多样，因此不论是河流、土壤还是大气环境，都会由于化肥、农药的使用而受到污染。

5）化肥、农药的污染具有极快的传播性，相关资料显示，在南极许多动物体内都发现了某些农药的主要成分。

(2) 化肥、农药购买注意事项

1）要选择正规企业的产品，并在正规企业的销售处或合法经销单位购买，不要贪图便宜，购买不合规渠道销售化肥或农药。

2）要查看化肥或农药的包装标识，特别要注意查看有无生产许可证、产品标准号、农业登记证号，要查看产品的质量证明书或合格证及生产日期和批号，要保留生产者或经销者的名称、地址，产品要有使用说明书。

3）化肥产品标识要清楚、规范等。选择的化肥产品，外观应颗粒均匀，无结块现象，且不要购买散装产品。

4）购买化肥要索要发票、信誉卡。化肥施用后保存化肥包装，以便出现纠纷时作为证据和索赔依据。

5）要选购合适的农药，并认真识别假冒伪劣药，以防因选择不当而使作物产生药害，造成环境污染和食品安全问题。

6）要了解禁止使用的农药，有些农药因为对环境、人体危害巨大，已经被禁止使用，有些不良商贩可能仍在销售，购买时要避免误买。禁止使用的农药有甲胺磷、甲基对硫磷、对硫磷、久效磷、磷胺、六六六、滴滴涕、毒杀芬、二溴氯丙烷、杀虫脒、二溴乙烷、除草醚、艾氏剂、狄氏剂、汞制剂、敌枯双、氟乙酰胺、甘氟、毒鼠强、氟乙酸钠、毒鼠硅等。

(3) 化肥、农药合理使用方法

1）化肥合理使用注意事项如下：

①要根据化肥性质、土壤条件以及作物的营养特性选用适合的化肥。

②用科学的方法确定施肥量，施肥不合理或用量过多会造成盐分积累、养分失调、土壤结构破坏、地力下降，严重破坏土壤微生态系统，影响农产品质量安全。

③根据养分配比，选择施用肥料的种类和数量。合理施肥

的原则：有机肥为主，化肥为辅；施足基肥，合理追肥；科学配比，平衡施肥；注意各养分间的化学反应和拮抗作用。

④选择合适的施肥时期、施肥方式和施肥位置，实现肥料的最大化利用。

2）合理用药注意事项如下：

①明确防治对象，对症下药。选择农药时，要弄清防治对象的种类、危害特点，以及农作物的品种、生育时期等。在弄清防治对象之后，再选择适宜的农药品种。

②搞好病虫调查，抓住关键时期施药。施前一定要进行病虫调查，掌握防治时期，在最佳防治时期施药。施药过早，药效与病虫防治期不吻合，起不到控制危害的作用。施药晚了效果差，不仅起不到控制作用，而且造成农药浪费。

③不能随意增加用药量或加大用药的浓度。很多农民错误地认为，增加用药量或加大用药浓度，防治效果就会提高，因此随意增加用药量的现象普遍存在。此外，农民在配药时不用量具，只用瓶盖随意量取，缺乏数量概念，造成使用药量大大超标。这样做不仅造成浪费，同时也容易产生药害，使环境遭到严重污染，危害人畜安全。

④不能长期使用单一农药。在使用农药的过程中，不能一旦发现某种农药防治效果好，就长期连续使用，即使防治效果下降也不更换。不能认为防治效果下降就是药含量低了，这是长期使用一种农药造成病虫抗药性提高的后果。

⑤混合使用农药，注意合理搭配。应选用作用机制不同的农药交替使用或根据农药的理化性质合理混配使用，这样不但能提高防治效果，还能延缓病虫抗药性的产生。

⑥注意农药的安全间隔期。安全间隔期内禁止施药。安全

间隔期的长短与农药种类、剂型、施药浓度等因素有关。在使用过程中，千万不要超过标准中规定的最高施药量，做到用药量适宜，要尽量减少用药次数。在病虫发生严重的年份，如按标准中规定的最多施药次数还不能达到防治要求的，应更换农药品种，切不可任意增加施药次数。

(4) 农药使用安全防护措施

1）施药人员要加强重点部位的防护，穿长衣长裤，手足涂肥皂，颈部系干毛巾；喷药时要戴好防风镜和口罩。

2）施药前检查喷药器械是否完好，防止药水泄漏。

3）喷头要尽量保持水平。在微风条件下，喷头靠近作物顶部，相距 0.5 米以内，可以稍稍上翘，仰角可在 5°~15°。

4）施药方向要与风向一致或稍有倾斜，施药人员行进方向要与风向垂直。下风一侧的手持喷管把，使喷头对着下风方向喷药，药液自然顺风飘移。

5）施药时，施药人员禁止吸烟、饮水、进食，施药结束后要及时漱口、沐浴更衣。

6）施药人员在田间喷药的实际工作时间每天一般不超过 6 小时，连续施药 3~5 天后休息 1 天。施药时间较长时，要 2~3 人轮换操作。

7）施药人员如果有头痛、恶心、头昏、呕吐等症状时，应立即离开施药现场，脱去污染的衣服，漱口，洗手、脸等暴露部位，及时到医院治疗。

8）体弱多病者，患皮肤病和农药中毒及其他疾病尚未恢复者，哺乳期、孕期妇女，皮肤损伤未愈者不得喷药。喷药时儿童不可进入作业地点。

24. 农机具安全使用知识

(1) 农机具伤害事故类型

农机具伤害事故按照事故的形态一般可以分为碰撞、刮擦、碾压、翻车、坠车、失火以及爆炸 7 类。

1) 碰撞、刮擦都是指农机具与其他物体接触的事故形态。根据接触双方的对象不同，这类接触可分为农机具与农机具、农机具与非农机具、农机具与人员、农机具与固定物体、农机具与运动物体之间的接触等。侧面接触称为刮擦，正面接触称为碰撞。相较而言，碰撞造成的事故危害更大一些，严重时可致人死亡。

2) 碾压是指农机具对人员、农作物及物体的推碾或滚压的事故形态。碾压的特征为农机具轮胎的胎面与对方接触。

3) 翻车是指农机具在行驶中，因受侧向力的作用，两个以上的侧面车轮同时离开地面，车身着地的事故形态。

4) 坠车是指农机具在作业或转移过程中，悬空坠落到与地面有一定落差的地方。它与翻车的区别在于农机具在坠车事故过程中有悬空的坠落过程。

5) 失火是指农机具作业或转移过程中，由于人为的因素、车辆自身的因素或是在发生其他事故形态后引发火灾的事故形态。

6) 爆炸是指由于人为地将易燃易爆物品带入农机具内，在行驶或作业过程中，因振动等原因引起的爆炸事故。

(2) 农机具的安全使用

1）拖拉机作业安全要求如下：

①发动机起动后，必须低速空运转预温，待水温升至60 ℃时方可负荷作业。

②使用带轮时，主、从动轮必须在同一平面，并使传动带保持合适的张紧度。

③使用动力输出轴时，动力输出轴和后面农具间的连轴节应使用插销紧固在轴上，并安装防护罩。

④经常注意观察仪表，注意水温、油压、充电线路是否正常。

⑤发动机冷却水箱“开锅”时，须停止作业使发动机低速空转，但不准打开水箱盖，不准骤然加入冷水。

⑥发动机工作时出现异常声响或仪表指示不正常时，应立即停机检查。

⑦发动机熄火前，应先卸去负荷，低速运转数分钟。不准在满负荷工作时突然停机熄火。

⑧检查、保养及排除故障必须在切断动力，熄火停机后进行。

⑨严禁超负荷作业。

⑩夜间作业时，照明设备必须良好。

2）收割机作业安全注意事项如下：

①收割机作业前，须对道路、田间进行勘察，对危险路段和障碍物应设明显的标记。

②在收割台下进行机械保养或检修时，须提升收割台，并用安全托架或垫块支撑稳固。

③卸粮时，人不准进入粮仓，不准将铁器等工具伸入粮仓，接粮人员不准将手伸入出粮口。

④收割机带秸秆粉碎装置作业时，须确认刀片安装可靠，作业时严禁在收割机后站人。

⑤收割机在长距离转移或跨区作业前，须卸完粮仓内的谷物，将收割台提升到最高位置予以锁定，不准用集草箱搬运货物。

⑥收割机械要备有灭火器等灭火用具，夜间保养机械或加燃油时不准用明火照明。

（3）农机具的维修安全

农民在修理农机时，由于缺乏安全意识，发生事故十分常见。所以，一定要增强安全意识。修理农机时，要注意以下几点：

1）防压伤。修理中的农机车辆，必须用三角木塞牢车轮胎。使用千斤顶顶起车辆后，还应用支撑工具撑牢。放松千斤顶前，注意旁边是否有人和障碍物。检修液压车厢的管路时，要在倾斜的车厢支撑牢靠后才可进行。

2）防烫伤。修理运转中的发动机，应防止被高温气体，特别是排气管排出的气体烫伤。水箱水温很高时，不要急于用手开水箱盖，以防被沸水烫伤。

3）防腐蚀。配制蓄电池电解液，应使用陶瓷或玻璃容器。检查电解液高度和密度时，不要让电解液溅在衣服或皮肤上。

4）防中毒。修理期间需要经常起动发动机，频繁进行气焊、电焊作业，室内往往充斥大量废气。因此，必须保持修理环境中空气流通，以免慢性中毒。

5）防爆炸。油箱、油桶焊补前须彻底清洗干净，确认内腔无油气后再施焊。此外，电瓶间应杜绝火星，防止蓄电池溢出的氢气和氧气积聚，遇火花发生爆炸。

6）防火灾。修理汽油机时不可出现明火。砂轮机附近不得搁置汽油盆。沾有废油的棉纱、破布等应及时妥善处理，不得乱丢。

7）防触电。电气设备要可靠接地，开关设备要高过头顶。线路老化或损坏应及时更换，以防触电或引发火灾。

25. 农作物病虫害防治知识

（1）农作物病虫害的危害

我国是一个农业大国，自古以来就讲究耕读传家，发展至今，农业依旧是国家发展中最为重要的部分之一。我国农作物种植面积广，种类繁多，一旦发生病虫害，其所造成的经济损失十分巨大。病虫害主要有两大特点：一是规模大，一旦发生就不会只局限于一块土地或某片农田，有的病虫害甚至可以波及上万平方千米土地内的农作物；二是病虫害的种类繁多，同一农作物在不同的发育时期，以及同一农作物的不同部位都可能受到不同的病虫害。如果不采取措施及时防治，就会导致农作物大面积减产，严重时甚至颗粒无收，因此必须采取措施对病虫害进行防治。

（2）农作物病虫害防治措施

发展到现在，我国的病虫害防治技术已有了很大的发展，常用的病虫害防治手段有农业防治、物理防治、化学防治以及生物防治。

1）农业防治。农业防治主要是从农作物种子选取、农作物生长环境的处理以及农作物管理三方面来进行考虑。

①种子选取。随着种子技术的不断发展，很多传统农作物的种子都得到了改良，不仅产量提高，抗病虫害性也有了很大的改善。因此，根据当地的种植环境选择合适的优良品种进行种植，可以大大减少病虫害对农作物造成的危害。

②生长环境的处理。很多危害农作物的病原细菌以及害虫虫卵为了应对恶劣环境会潜藏到枯死的农作物秸秆、枯草以及土壤深处，因此在种植农作物之前对土壤进行深耕处理，清理周边的秸秆、杂草，不仅可以为农作物生长提供良好的环境，而且可以破坏病原细菌以及害虫生长的适宜环境，大大降低农作物病虫害的发生率。

③农作物管理。在农作物生长期间多进行巡查，发现病虫害发生的苗头及时采取措施进行防治。除此之外，合理调配农田中水分、肥料的施放比例不仅可以为农作物提供最为合适的养料补充，还可以创造出病原细菌以及害虫不适应的生长空间，大大降低病虫害的发生率。

2）物理防治。物理防治主要用于病虫害的初始阶段，也是最为原始的一种病虫害防治方法。这种方法主要是利用特定病原细菌以及害虫的一些特性，采取相应的措施对病原细菌以及害虫进行诱捕，然后统一进行消灭。除了诱捕之外，还可以采用粘虫板、粘虫网等工具来灭杀病原细菌以及害虫。此外，还可以采取措施对农作物进行防护，如给苹果套袋、设立防虫网等防止农作物受到危害。

3）化学防治。化学防治主要是利用各种农药来消灭病原细菌以及害虫。使用化学防治的特点是效率高、省时省力，但是其缺点就在于污染性强。如果选用化学方法进行病虫害防治，必须事先了解发生的病虫害的特性，从而选用合适的农药，以防造成不必要的资源浪费和环境破坏。

4）生物防治。生物防治主要是利用生物之间存在的天敌关系，通过培养和保护病原细菌以及害虫的天敌来达到降低病原细菌以及害虫数量的目的。生物防治的优点在于绿色、无污染，而且如果与当地生态环境相匹配时，还可以增加生态环境的多样性，有利于提升该地区生态环境的稳定性。

26. 农产品采收安全

(1) 农产品采收过程安全问题

采收是农产品生产在种植产地的最后一个环节，对农产品向商品转化具有重要意义。在农产品采收过程中，人的不安全行为、物的不安全状态以及一些突发状况极可能造成人身伤亡以及疾病传染事故。在农产品采收过程中可能发生的事故类型如下：

1）镰刀、锄头等农用工具使用不当或农民在使用过程中劳动时间过长导致注意力不集中而造成的人身伤害事故。

2）利用农业机械进行农产品采收时，人的不当操作或者机器的异常状态造成的人身伤害事故。

3）采收完毕后没有对残留在农田中的农作物残渣以及各种垃圾进行清理，导致各类细菌、蚊虫滋生，老鼠等活动活跃，从而对人的身体健康造成危害。

4）农机具使用过后没有进行清洁，导致各类细菌在收割机刀片上滋生，进而在下一次收割中污染农产品，对人的身体健康造成危害。

（2）农产品采收安全防护措施

在进行农产品采收时要严格做好规划和个人防护措施，守好农产品生产过程的最后一班。在进行农产品采收时，应注意以下几点：

1）采收前必须提前做好人力和物力上的安排和组织工作，保证采收工作能够安全有序进行。

2）采收过程中，作业人员应该做好个人防护措施，如戴手套、穿戴适合采收作业的服装，最大限度地保障人在采收过程中的安全。

3）对采收过程中所用到的各类农机具提前进行维护保养，保障农机具安全、可靠。

4）农机具的使用人员应进行过专业性的培训，避免因使用不当而造成人身伤害事故。

5）采收过程中的人员要注意休息，防止因为疲劳作业而导致人身伤害事故发生。

6）使用完毕的各类农机具要及时清理，保证其在下一次使用时干净、整洁。

7）采收完毕后对农田中残留的农作物残渣以及生活垃圾及时清理，防止为病菌、害虫提供适宜的环境。

27. 农产品质量安全

现如今，各类食品安全问题的频繁出现对我国人民的身体健康安全造成了极大的危害，我国的食品安全问题越来越为广大人民所关注。而农产品作为各类食品的源头，其质量安全也受到了广泛关注。

（1）农产品质量影响因素

影响农产品质量的除了种子本身质量之外，还有土壤的土质问题。土壤是农作物生长发育的环境，如果土壤本身出现问题，那么农作物的质量也会受到影响，使其质量安全得不到保障。现如今，受各类因素的影响，我国农田土壤质量遭到了严重破坏，以致生长出的农作物质量也受到了影响。破坏农田土质的因素一般如下：

1）化肥、农药的过量使用。随着化肥、农药对于提高农作物产量所起的作用越来越大，化肥、农药的使用愈发普及，现在大规模的农业生产过程基本已经离不开化肥与农药。而化肥、农药的使用会人为地改变农田土质，如在长期使用氮肥、磷肥等化肥的过程中，土壤本身的结构被破坏，导致土壤板结、土壤退化、耕性变差等。

2）工业污染物的违规排放。工业污染物中包含多种有毒有害物质，如各类重金属、苯类、酚类等。对于这些物质，土壤很难在短时间内完成自我净化。这些物质会对土壤土质造成严重危害，影响在该土壤中生长起来的农产品质量。

3）各种生物的粪便。各种生物的粪便如果经过发酵处理便是很好的绿色肥料，但是如果不经处理便将其投放到农田之中，粪便本身含有的有毒有害物质会对土壤质量造成损害。

4）大量残留的农膜。农田中残留的农膜严重影响土壤的物理性状，使土壤的结构和可耕性遭到破坏，地力下降，土壤的保水透水能力降低，削弱农田的抗旱能力，还会影响种子发芽、出苗及根系生长发育，最后导致产量下降。

(2) 农产品质量安全管理问题

目前，我国农产品质量安全管理中存在的问题主要如下：

1）农产品质量安全监督管理责任不明确。农产品质量安全管理涉及农产品的生产、加工、包装、储存与运输，因此在整个农产品质量监督管理过程中涉及的部门种类繁多，包括农业部门、卫生部门、市场监督管理部门等，各部门之间分工不明确、职能交叉等现象使得农产品的质量安全监督管理过程混乱，无法保障进入市场的每一批农产品的质量安全。

2）相关法律法规缺失。现有的关于农产品质量安全管理的法律法规不完善，不能适用于所有的农产品，且相关的农产品质量安全问题一直在不断变化，现有的部分法律法规已经不符合实际情况，造成执法人员进行安全检查时无法可依，无法确定相应的标准。

3）农产品质量安全检测体系不完善。目前我国各地的农产品质量安全检测部门普遍存在的问题是基础设施建设不完善，各类检测设备、仪器缺失，检测队伍不健全，没有足够的经费支撑，使得农产品质量安全检测水平较低，并不能符合相应的标准要求。

4）农产品销售渠道无法统一管理。由于经济类农产品多为个体经营，销售渠道流动性较强，宏观管理和监督难度大，造成相当部分农产品市场不够规范，优价不优质、以次充好、假冒伪劣现象时有发生，直接影响了农产品的总体质量状况。

（3）农产品质量安全保障措施

农产品质量安全监督管理部门的工作只能起到筛选不合格农产品的作用，保障农产品的质量安全应从源头进行管控，可以采取的措施如下：

1）保护耕地，改善土壤质量，严禁各类污染物随意排放。

2）在相关标准的指导下科学使用化肥、农药，严禁过量使用。

3）使用对环境友好的绿色农用化学品（如绿色化肥、绿色农药、绿色地膜等），改善农业生产技术，减少农业污染物的产生。

4）发展绿色农业，减少化肥、农药的使用量，尽量多使用有机肥来满足农作物的养料需求。

28. 农产品储存安全

(1) 农产品储存安全问题

农产品在采收之后，农民会将其放置在某一特定场所进行保存，在此过程中，农产品可能长时间存放在一个特定的地点，如果环境不符合农产品的特性，那么农产品在短时间内就会发生腐烂变质，从而给农民带来巨大的经济损失。

常见的农产品储存安全问题主要如下：

1）因储存不当造成农产品本身性质发生变化，从而导致人食用后引发食物中毒事故。例如，土豆因储存不当而发芽，人误食后可引起食物中毒。

2）某些农产品本身具有其独特的物理性质，如果储存不当极易引发事故。例如，棉花具有易燃性，若储存时没有采取相应的防火措施，极易引发火灾。

3）因储存不当造成农产品腐败变质，为各类细菌、微生物的滋生提供了适宜的生存环境，从而导致大量细菌、微生物滋生，当其扩散开来，很可能对人的身体健康造成威胁。

(2) 农产品储存注意事项

1）严格验收入库的农产品。在农产品进入特定场所储存之前，要对农产品的状态进行检验，剔除已经破损、腐烂的农产品，以防进入储存区后影响其他农产品的质量。

2）根据农作物的特性选择合适的储存环境。

①一般的农作物，如小麦、玉米等储存在干燥、通风的环境中即可。

②对于某些水分含量较大的农产品，如土豆、萝卜等一般采取窖藏的方式。窖藏的特点在于其内温度变化幅度小，氧气含量低，可有效抑制各类微生物的活动，并且可以降低农产品自身的有氧呼吸，延长农产品的保存时间。

③对于一些具有其他特性的农产品，应该根据其特有的性质选择适宜的储存空间。例如，棉花的仓储环境应该具备相应的防火、通风、防潮、防霉变等特点，保障棉花的储存安全。

3）控制好储存场所的环境条件不要发生巨大改变，尤其是温度、湿度因素要严格把控，否则很容易造成农产品在储存过程中腐败变质。

4）在储存过程中要注意农产品的堆放密度，农产品之间尽量不要靠得太紧。农产品是有生命的，它们会进行呼吸作用，如果堆放密度不科学，会在一定程度加速农产品的变质过程。

5）从事农产品交易的个人或集体可以建立冷库来储存农产品，寒冷环境下农产品自身的生理活动会降低，可以大大延长农产品的保存时间。

6）农产品储存时不能与有毒有害物质一起放置，以防有毒有害物质对农产品造成污染。

7）要对在库的农产品定期进行检查，观察储存环境中农产品的状态是否良好，一旦发现有农产品已经腐败变质要及时清除，并考虑是否要对该类农产品更换储存环境。

8）必须保证农产品储存场所的环境卫生干净整洁，且要保证老鼠等动物无法进入。

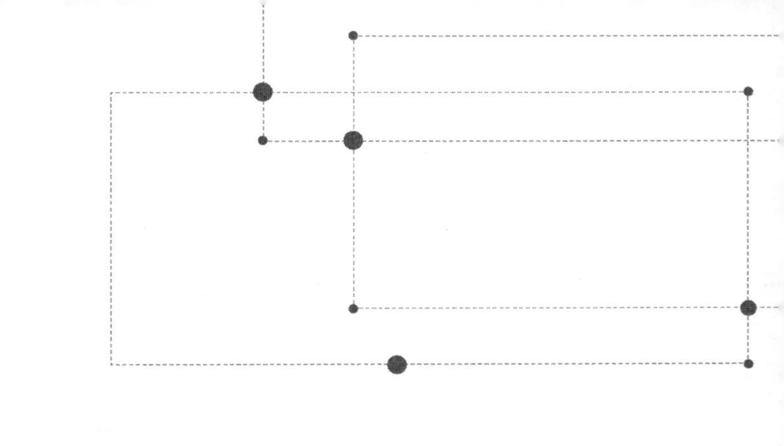

第6章

农村畜禽养殖安全

29. 畜禽养殖环境管理

(1) 畜禽养殖环境管理的重要性

各种畜禽都有其适宜的生活空间，如果环境安排得当，畜禽的生长发育过程就能安全有序地进行，最大限度地保证养殖者的利益。如果环境安排不合理，那么畜禽的正常生长发育过程也会受限，并且患病率也会大大提高，造成额外的医疗费用支出。如果畜禽患急性传染病，那么造成的损失更为巨大，且社会危害性也大。因此，在畜禽养殖过程中，保证畜禽养殖环境的适应性、安全性意义重大。

(2) 畜禽养殖环境卫生管理

在畜禽养殖过程中，保持良好的卫生环境可以有效预防各类疾病的发生，对畜禽养殖安全有着重要的作用。一般从以下方面保障养殖环境卫生安全：

1）及时清理畜禽每天产生的排泄物以及养殖过程中产生的其他污染物，保证养殖环境的干净整洁。

2）实现养殖污染物的科学化处理，对其中的有机成分进行回收利用，制造有机肥，防止其处理不当而造成环境污染。

3）定期对养殖环境进行大清扫，尤其是对卫生死角进行重点清理，不给细菌、老鼠创造适宜的生存空间。

4）定期对养殖环境进行消毒，杀灭有害细菌、微生物以及老鼠等有害动物。

(3) 营造适宜养殖环境

畜禽养殖过程中，主要是通过人为控制养殖环境，从而满足养殖对象的生长、发育、繁殖和生产需要。一般从以下几方面对养殖环境进行管控：

1）养殖环境温度的管控。各类生物都有其适宜的生存温度，长时间过高或过低的温度对于生物的生长发育是极为不利的。因此在畜禽养殖过程中，要注意保证养殖环境内的温度不能出现太大波动，在畜禽养殖场所内可以安装温度调节装置，以防极寒与极热温度状况出现。

2）养殖环境的通风换气。保持养殖场所良好的通风换气，可以保证养殖环境中的含氧量，满足畜禽的生存需求。除此之外，通风换气有利于排出养殖环境内多余的水分、热量以及病菌，保障畜禽的安全健康。畜禽养殖环境的通风方式分为自然通风与机械通风两种，随着对养殖环境管控的严格要求，机械通风对于大型养殖户而言更为方便。

3）养殖环境的采光。保证养殖环境的合理光照对于某些畜禽的生长发育以及生产有着十分重要的意义。以蛋鸡为例，光照条件的改变可以影响其性成熟的快慢，影响其产蛋质量和产蛋高峰期。因此，根据畜禽的生理需求设置合适的光照条件也是很有必要的。

30. 饲料安全

(1) 畜禽常用饲料原料

畜禽饲料原料种类繁多，根据国际分类原则，按照饲料的营养特性，我国将饲料原料分为八大类，即青绿饲料、青储饲料、粗饲料、能量饲料、蛋白质饲料、矿物质饲料、维生素饲料、饲料添加剂。

1）青绿饲料。水分含量在60%（质量分数）以上的青绿饲料、树叶类以及非淀粉质的块茎、块根、瓜果类。

2）青储饲料。用新鲜的天然性植物调制成的青储饲料，包括水分含量为45%~55%（质量分数）的低水分青储（半干青储）饲料。

3）粗饲料。以干物质计算，粗纤维含量高于18%（质量分数）的饲料，如干草类、农副产品类（秸秆、壳、藤）、糟渣类和树叶类等。

4）能量饲料。干物质中粗纤维含量低于18%（质量分数）、蛋白质含量低于20%的饲料，如谷物及淀粉质块根、块茎、糠麸类等。

5）蛋白质饲料。干物质中蛋白质含量高于20%（质量分数）、粗纤维含量低于18%（质量分数）的饲料，如豆类、饼粕类、动物性饲料等。

6）矿物质饲料。矿物质饲料包括工业合成的、天然的单种矿物质饲料，多种混合的矿物质饲料以及有载体的微量元素、常量元素的矿物质饲料。

7）维生素饲料。维生素饲料指工业合成或提纯的单种维生素或复合维生素，但不包括某一种或几种维生素含量较多的天然饲料。

8）饲料添加剂。饲料添加剂包括防腐剂、着色剂、抗氧化剂、香味剂、生长促进剂和各种药物性添加剂，但不包括矿物质和维生素饲料。

（2）饲料安全问题

目前，我国畜禽养殖饲料安全问题一般有以下三种：

1）厂家生产质量不合格。有些饲料生产厂家为谋取自身利益，不顾国家相关生产标准的规定，在饲料中添加各类禁用的添加剂，从而导致畜禽食用后各类违禁药残留在畜禽体内，不仅对畜禽的正常生长发育有着严重影响，而且当各类畜禽食品流入市场后，还会造成严重的食品安全问题。

2）养殖户卫生安全意识不足。农村中的很多养殖户缺乏卫生安全意识，在饲料储存过程中不加以保护，导致饲料腐败变质。饲料变质后，很多养殖户不会更换变质的饲料而继续喂养畜禽，从而影响畜禽的健康，导致食品安全问题的发生。

3）缺乏科学饲养知识。农村许多养殖户缺乏相应的科学养殖知识。例如，在饲料选取方面，很多人并不知道针对某种畜禽哪种饲料最合适、饲料之间按什么比例进行配比所起到的作用最大，从而由于饲料选取及配比不当而造成了资源浪费，影响了畜禽的正常发育。

(3) 饲料选用安全措施

1）政府相关部门应严厉打击制造假冒伪劣饲料的行为，保障饲料市场的健康安全。

2）养殖户购买饲料时尽量到质量有保证的大厂家。

3）养殖户要注重对饲料的保护，一旦发现饲料发生腐败变质现象，要立刻进行处理，不能继续使用。

4）养殖户要提高科学养殖理念，寻求专业人士的建议，合理调配饲料，保障畜禽健康成长。

31. 畜禽防疫

(1) 畜禽疫情危害

畜禽养殖过程中，做好防疫工作是最重要的一步，这直接关系养殖业的安全与养殖户的收益。如果防疫工作不完善，一旦发生重大疫情，那么其造成的危害就不仅仅限于养殖户的个人财产损失，很可能对全国乃至全世界造成重大的危害。

畜禽疫情一旦发生，很可能导致大量畜禽死亡，从而给养殖户带来巨大损失。除此之外，畜禽疫情暴发带来的最严重的影响便是社会恐慌，如果是人兽共患病，那么其造成的危害将是灾难性的，且很难在短时间内消除。以非洲猪瘟为例，2018年8月左右我国开始出现非洲猪瘟疫情，虽然非洲猪瘟病毒不传染人，但可导致大量生猪病死，给养殖户带来巨大经济损失，同时导致我国猪肉价格一路飙升，严重影响了我国猪肉市场供给，而且经过几年的缓冲依旧没能恢复到原有水准。

（2）畜禽防疫措施

1）卫生管理。很多流感疫情的发生都是由养殖环境卫生条件差、蚊虫大量滋生、鼠患横行而引起的。正是由于不注重卫生管理，才为各类有害生物的生存提供了适宜的空间。因此，保持良好的养殖卫生对于预防疫情意义重大，可以在源头处掐灭疫情的苗头。

2）畜禽用品质量管理。保证畜禽养殖中饲料、兽药等质量安全可靠，严厉打击不法分子生产销售假冒劣质兽药和饲料的行为，避免因畜禽用品质量不合格而导致的疫情发生。

3）提高对防疫工作的重视。认识防疫工作的必要性，了解畜禽疫情可能造成的巨大危害，主动对畜禽进行预防接种。

32. 病死畜禽处理

（1）病死畜禽处理问题

病死畜禽本身一般都含有大量病毒、细菌，如果处理不当，很容易对环境造成污染并引发各类疾病。目前，我国病死畜禽的处理状况并不乐观。由于农村缺乏相应的畜禽处理设施，很多养殖户直接将病死畜禽扔到荒郊野地就不再过问，有些养殖户直接将病死畜禽扔到河流、湖泊中，对环境造成了很大污染。除了处理方式不正确外，由于相应的管控措施不到位，有些人甚至交易病死畜禽，给食品安全带来极大危害。

(2) 病死畜禽无害化处理手段

适用于农村病死畜禽无害化处理的手段主要有深埋法、焚烧法以及生物发酵法三种。

1) 深埋法。对于病死畜禽的处理，农村中最常见的便是深埋法，将畜禽尸体深埋于地下可以有效防止其危害作用。但是尸体埋葬地点应远离水源、食品加工厂、生活区、学校等场所，最大限度地保障安全。

2) 焚烧法。将病死畜禽的尸体放入焚烧炉进行火化处理，可以有效杀死尸体中的各种病原体、微生物，实现尸体的无害化处理。不过使用焚烧法需要注意对废气的处理以及采取相应的防火措施。

3) 生物发酵法。建立发酵池，将病死畜禽的尸体放入发酵池中进行发酵处理，从而制造出高效的有机复合肥，既实现了尸体的无害化处理，也实现了病死畜禽的资源化利用。

(3) 病死畜禽处理安全管控措施

针对病死畜禽处理过程中监管不严的问题，为达到病死畜禽无害化处理的目的，可以从以下方面采取措施进行管控：

1) 建立健全农村病死畜禽处理监管制度，严格监管病死畜禽的处理过程，防止有人用病死畜禽非法牟利。

2) 建立适度的举报制度，鼓励举报使用病死畜禽非法牟利的事件，相应的职能部门针对此类事件应重拳出击，彻查不规范行为，确保我国病死畜禽得到规范、有序的无害化处理。

3) 各村镇负责人应承担起相应的监督责任，定期到养殖户家中了解近期畜禽养殖情况，收集各类消息，最大限度地保障病死畜禽的无害化处理。

4）政府可对出现病死畜禽的养殖户予以一定的补贴，确保养殖户不会因为经济损失过大铤而走险将病死畜禽卖给不良商贩。

5）加强对病死畜禽不规范处理所造成危害相关知识的宣传普及，让养殖户自觉遵守病死畜禽无害化处理规程，从源头处切断病死畜禽流入市场的途径。

33. 畜禽养殖污染及治理措施

(1) 畜禽养殖污染问题

畜禽养殖过程中产生的排泄物、废水以及废气对环境的污染极大，其具体主要体现在以下几个方面：

1）土壤污染。畜禽养殖业中大量添加剂如铜、锌、铁、砷的使用，导致畜禽粪便中重金属元素含量较高。畜禽粪便中的重金属和微量元素在土壤中累积，会影响土壤中各有机物的代谢，破坏土壤平衡，从而严重影响农作物的生长及农产品的质量，进而危害人类健康。

2）水体污染。畜禽养殖过程中产生的废水含有大量的有机物，氮、磷等营养物质丰富，不经处理随意排放很容易造成水体富营养化，破坏生态环境。如果畜禽养殖废水通过土壤渗入到地下水中，将影响人的日常生活用水，很容易导致人患上各类疾病，危害人的身体健康。

3）大气污染。畜禽养殖中大气污染物主要是二氧化碳、甲烷、氨气和硫化氢等气体，它们主要来源于畜禽饲料中氨的

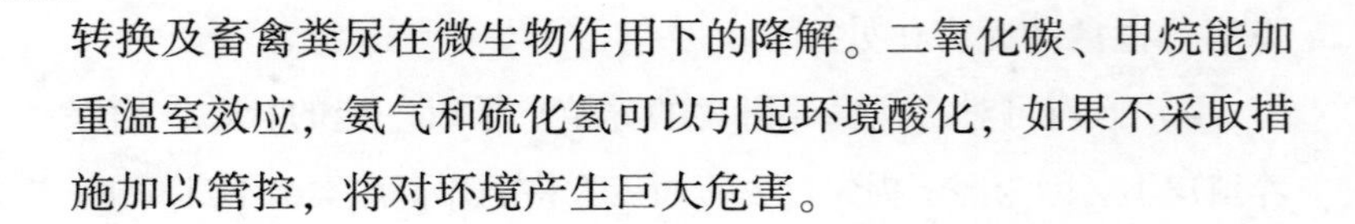

转换及畜禽粪尿在微生物作用下的降解。二氧化碳、甲烷能加重温室效应，氨气和硫化氢可以引起环境酸化，如果不采取措施加以管控，将对环境产生巨大危害。

（2）畜禽养殖污染治理措施

1）对养殖过程中产生的各种有机废料，如畜禽粪便、饲料残渣等进行集中发酵处理，转化为有机肥料，实现各类有机废料的肥料化；除此之外，对畜禽粪便进行一定处理还可以使其成为饲料来源，实现资源的合理使用。

2）实现养殖模式的合理布局，将村内分散养殖的畜禽进行统一安排，建立村内统一养殖基地，规范养殖标准。这样做不仅有利于统一监管畜禽养殖过程中的不良行为以及及时发现疫情，更可对畜禽养殖废弃物统一进行标准化处理，保护环境。

3）针对养殖业中产生的各种废料开展与之对应的农业种植工作，使养殖业废料得到充分利用。

4）严格管控畜禽养殖废水、废料的排放，发现不按规定处理的养殖户必须严惩。

5）加快畜禽养殖污染防治新型技术的开发，健全长效管理体系，组织专门的人才队伍帮助养殖户确立切实可行的污染物处理方法，利用科技手段实现畜禽养殖废料的快速、高效、无害化处理。

6）通过电视、网络、宣传栏、培训班等方式，大力宣传和推广畜禽养殖污染防治的科普知识和防治技术，让人们了解并熟悉养殖业可能造成的各种环境污染及危害，掌握畜禽养殖清洁生产技术和污染防治技术，以加强养殖户污染防治的主动性、积极性，提高广大养殖户的环保意识，激发养殖户的治污紧迫感和责任心。

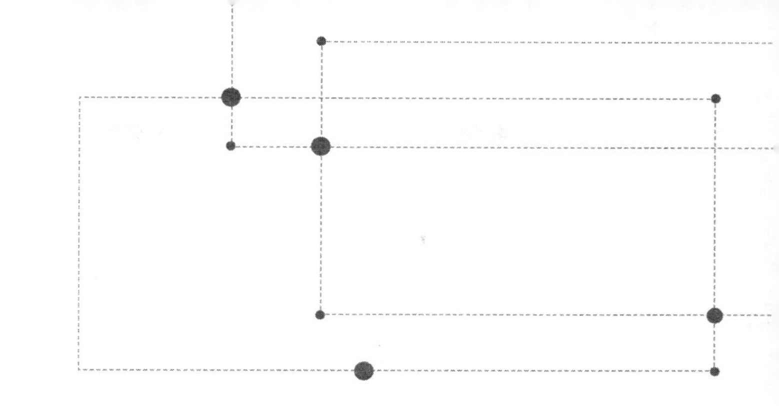

第 7 章

农村新兴产业安全

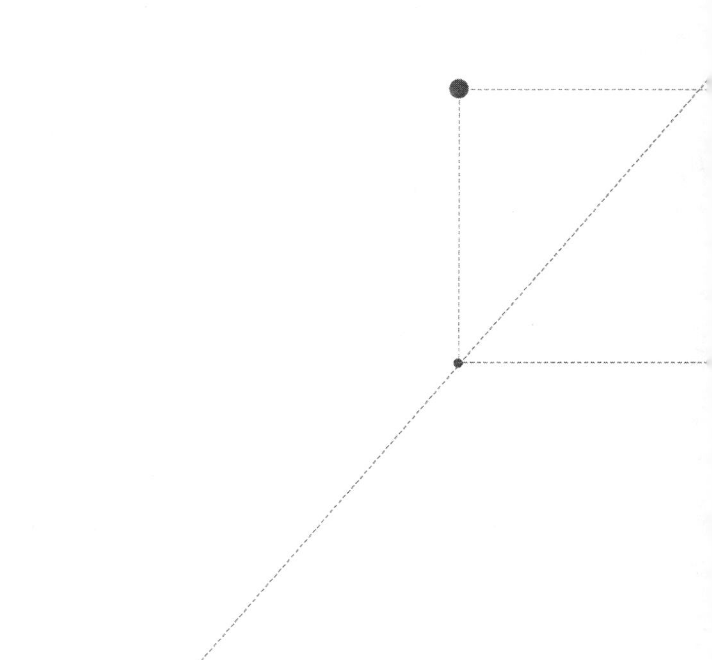

34. 农村电商安全

（1）农村电商特点

农村电子商务是电子商务技术在农村中的应用，主要用于农产品以及农村特色产品的销售，是为了解决我国“三农”问题而提出的有效措施。长久以来，制约农业发展的一个重要因素便是农产品的销售问题，由于农产品销售渠道少，农民自己组织农产品销售耗时耗力，且销量没有保证，因此许多农产品只能由农民自身消化。但是产能过剩使得农民无法自身消化大批量的农产品，导致很多农产品最后的结局就是腐烂丢弃，或者喂养牲畜。最后出现这样一种现象：新鲜农产品，农村居民吃不完，城市居民吃不到。大量农产品的浪费，使得农民并不能因为种植业而获得与付出相对等的回报，因此农民的经济发展一直处于相对缓慢的状态。

农村电子商务的出现打破了传统农产品交易时间和空间的限制，为农产品的快速销售提供了一个便捷有效的途径。农村电子商务的一般特点如下：

1）打破了传统交易时间和空间上的限制。传统农产品的销售表现出严格的地域性和时间性，某些地方的农产品只能在当地进行交易，农产品流通不便。尤其是对于大中型城市的居民而言，由于可供选择的货源少，平时所食用的各类农产品大多从超市中购买。农村电子商务的出现则彻底打破了这一格局。随着电子商务的发展，农民可以将自己的农产品放到网上进行销售，客户随时可以查看该农产品的信息并下单，大大提高了农产品的流通效率，为提高农民收入提供了一种便捷有效的途径。

2）货源种类多样、数量充足，给客户更多选择。随着农村电子商务的发展，许多农民都倾向于在网上出售自己的农产品。因此，全国各地的农产品都可以在商务平台上进行交易，且同类商品销售者众多，为客户提供了更多的选择。客户可以对比各个商家信息进行选取，且由于全国性的资源配置，客户一般不用担心货源不足。

3）提高了农产品交易效率。网上销售避免了许多不必要的销售环节，降低了农产品的销售成本，且由于网上的农产品多为产地直销，避免了中间商赚差价，因此价格一般相对线下来说更低。对于购买者来说，价格因素很大程度上决定了购买力度，因此利用电子商务平台进行农产品销售，大大提高了农产品交易效率，避免了农村农业产能过剩的问题。

（2）农村电商安全问题

农村电商的发展不论是对农民还是对客户而言都大有好处，但是我国农村电商的发展时间较短，所积累的各种经验也相对较少，因此其中存在的问题也较多。当下我国农村电商所存在的问题主要分为两方面，一是电子商务的安全问题，二是农产品的安全问题。

1）电子商务安全问题。电子商务的安全问题主要体现在网络交易平台的构建以及信息安全上。

随着电子商务平台的不断发展，电子商务平台功能不断丰富，但与此同时，其存在漏洞的概率也大大增加，一旦被黑客攻入，将造成巨大的损失。

网络上进行交易还涉及一个很重要的安全问题，即信息泄露。农村电商管理制度不完善，农民普遍安全意识不高，对于信息安全的认知十分匮乏，不懂信息安全的重要性，因此，在该过程中被别有用心的人利用而造成客户信息泄露的概率也较其他行业更大。而客户信息一旦被泄露，对客户造成的影响是巨大的，如果不尽快采取措施进行整治，对于农村电子商务的发展始终是一个很大的制约因素。

2）农产品安全问题。随着农业的不断发展，为了提高农产品的产量，化肥、农药等开始大量使用，纯绿色食品极为少见。利用电子商务平台进行农产品销售的一个问题在于客户无法对农产品质量进行切实考察，且由于农户有自己的种植方式，土地质量以及气候等因素不同，农药、化肥甚至农家肥使用量也不一致，相关技术部门无法逐个对各户农产品质量进行检查，而国家在此方面的法律监管制度也不完善，这就造成网络平台上销售的农产品质量参差不齐、以次充好等现象屡见不鲜。

（3）农村电商安全问题应对措施

针对当前农村电商中存在的一些安全问题，可以采取以下措施进行整治，提高农村电子商务的安全性和可靠性，促进农村电子商务的进一步发展。

1）加强农村电子商务基础设施建设。“工欲善其事，必先利其器。”加强农村电子商务基础设施建设可以保障农村电商的安全可靠运行，为客户提供优质服务，同时也可以避免由于电商基础设施落后或者损坏而造成的额外损失，最大限度地保证农户的根本利益，实现利益最大化。

2）加强农村电子商务人才队伍培养。为保证农村电子商务能够安全有序地进行，必须加强培养与电子商务相关的人才，无论是销售人才还是电子商务平台安全管理人才，都是电子商务发展必不可少的力量支持。其中，销售人才能让电子商务平台最大限度地发挥其该有的作用，而平台安全管理人才能应对网络上的各类安全隐患，保障平台安全可靠运行。因此，只有将相关人才队伍培养起来，农村电商才能安全、高效持续发展。

3）地区农产品质量标准化。为方便农产品质量的统一监管，可以对同一生产地区的农产品质量制定一个标准，并安排专家进行指导，规定农户农药、化肥使用量，在源头处给予农产品质量相应的保证。除此之外，可以根据专家的指导在同一地区发展特色产业，种植最适宜该地区土壤、气候条件的农产品。如果打造出特定农产品优势品牌，将会更加有利于农产品的销售，从而提高农民收入。且由于近些年来绿色食品市场火爆，可以鼓励农民使用农家肥进行农产品种植，摒弃化肥、农药的使用，打造绿色农产品种植品牌。

4）完善农产品安全监管制度。为保障电商平台客户的切身利益，应对网上出售的农产品建立一套可靠的质量监管制度，实现对农产品生产、销售和流通环节的全面监管，保证到达客户手中的农产品与商家网店中图片以及信息描述大致相符。若出现严重不符情形，要督促商家及时更换。对于在该过程中违规操作的农户进行处罚，严禁不法事件发生。

35. 农村旅游业安全

（1）农村旅游业特点

农村旅游业一般依赖于农村本身的优良自然环境、其所具有的文化历史底蕴以及革命、文化遗址而建立起来，村民以做导游、开民宿、售卖纪念品而获得经济收入。农村旅游业的特点一般如下：

1）环境友好性。大部分农村旅游业的发展依赖于其本身良好的自然环境，相比于传统旅游业过度开发旅游资源对环境造成负面影响而言，农村旅游业的发展反而更加有利于环境的保护。尤其是生态旅游农业的发展，不仅符合农业可持续发展战略，而且可以为来自城市中的游客带来新奇体验。

2）自由性。农村旅游业相比于传统旅游业的一个突出特点在于其对游客的限制很小，游客完全可以自驾前往旅游地点，且到达目的地后也没有人会来约束游客的旅游规划，可以给予游客最大的自由度，让游客遵从自己的想法进行一次轻松的旅游。

3）地域文化性。相比于城市而言，农村最大限度地保留了该地域的传统风俗习惯，外来游客每到一个农村景点可以体验不同的民族、地域文化带来的思维冲击，丰富自己的阅历，体验中国传统文化习俗的独特魅力。

4）居民参与性。发展农村旅游业，农村本地居民便是旅游业的管理者和经营者。

(2) 农村旅游业安全问题

旅游业是随着人民生活水平的提高而逐步发展起来的，可以说，只有人民兜里有钱，旅游业才能火热。我国旅游业的发展直到近二三十年来才有所起色，农村旅游业更是如此，直到近十几年来才逐渐兴盛起来。由于农村旅游业发展的时间过短，组织管理者缺乏相应的管理经验，致使农村旅游业的问题也不少，普遍的问题如下：

1）各类设施不完善。现在大部分的旅游村中，由于旅游业起步较晚，村内针对游客服务的各类硬件设施欠缺，不论是交通设施、餐饮设施、住宿设施、消防设施还是医疗设施，基本都不能满足游客的需要。尤其是医疗设施和应急救援设施，这些设施的存在对于应对突发情况以及保障游客安全具有重要意义，因此加强旅游村中的硬件设施建设十分必要。

2）管理制度不完善。现在的旅游村中，对整个旅游过程所涉及的食宿、娱乐、购物、出行等没有制定具体的规范进行约束，很多时候判断一件事是否可行时没有相应的标准作为参考，以致村中民宿、饭店在住宿、饮食卫生、服务方面良莠不齐，既浪费了公共资源，也给游客留下了不好的印象，不利于农村旅游行业的长久发展。

3）服务人员培训不到位。诸如农村导游、民宿服务人员、餐饮机构服务人员大多都为本村原住民，在开办旅游业之前大多从事农业生产工作，对旅游业的了解并不深刻，对其中可能存在的一些危险隐患并不了解，同时不能较好掌握服务技能，这就造成旅游村中服务人员安全意识淡薄、服务技能不足，很多服务人员面对突发情况手足无措，缺少必要的急救技

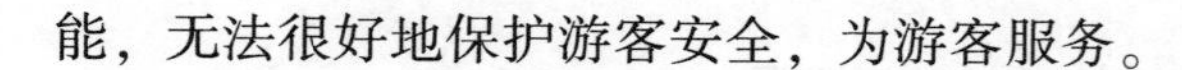

能，无法很好地保护游客安全，为游客服务。

（3）安全问题应对措施

1）加强基础设施建设。完善的基础设施对于旅游村的长久发展来说是必不可少的，旅游村必备的基础设施一般有以下几种：

①交通设施。旅游村中的交通设施应从停车场、交通标志、防护栏、减速带等方面进行完善。由于如今私家车数量剧增，大多数人选择自驾出行，如果村内交通设施不完善，很容易发生交通事故。因此，加强农村交通设施的建设可以使得游客的出行更加方便、安全。

②食宿设施。旅游村中的民宿住宿条件应干净整洁，墙壁、地面无裂缝，被褥、床垫干净无异味。饭店厨房中消毒柜、冰箱、保鲜柜等必备设施不能少，对于有裂纹的餐具要及时更换，对于桌子上放置的辣椒罐、醋瓶等更要及时清洁，保证用餐环境干净卫生。

③医疗急救设施。旅游村中应完善医疗急救设施，常用的药物、轮椅、医用绷带等物品要储备充足，并且应该在村中建立医疗机构，安排医务人员值班，以应对突发情况，保障游客的生命安全。

④消防急救设施。旅游村中应常备灭火器，加强消火栓等消防设施的建设，以应对突发火灾。

2）完善相应管理制度。对于涉及旅游行业的各类事项制定相应的管理标准，如制定餐饮店、民宿卫生安全管理标准，张贴景区注意事项清单，制定景区违规行为惩罚标准等。这样可以使得纠纷有法可依，大大减少事故纠纷，规范旅游村中服务人员以及游客的行为。

3）加强景区服务人员培训。景区服务人员就是旅游村的管理者与主人，加强服务人员的专业技能培训，提高他们的安全知识储备与应急处理能力，不仅能为游客提供更好的服务，给游客留下良好的印象，更能避免突发情况给旅游村整体造成的损失，维护自身的利益。因此，村内管理人员应聘请专业人员对服务人员开展专项培训，且参加培训的人员必须经考核合格后方能上岗。

4）加强安全知识宣讲。游客是旅游业的主体，很多时候事故的发生是游客的不安全行为造成的。因此，旅游村中的管理人员应制定村中游览安全知识手册，分发给进村旅游的游客，或者安排专门人员进行安全知识宣讲，加强游客安全防范意识，从而避免其做出危险行为，预防事故的发生。

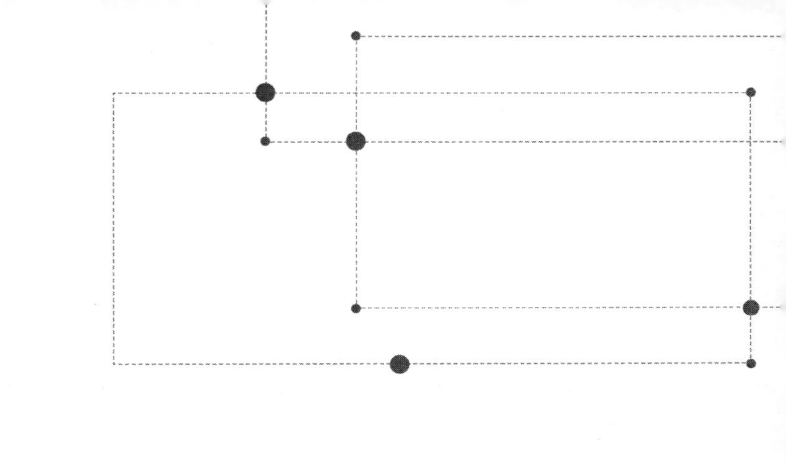

第8章

农村火灾防护

36. 农村火灾原因

农村火灾多发的原因如下：

（1）农村建筑一般布局不合理，缺乏足够的防火间距。尤其是茅草房，遇火即燃，燃烧即塌。

（2）一些农村居民使用柴草做饭，房前屋后堆积大量秸秆和柴草，大风天气炉灶容易回火，烟囱不够高时常飞火引发火灾。

（3）电线老化或被老鼠啃咬造成绝缘胶皮层破损，有的农村居民私拉乱接电线，超负荷用电，或使用不合格电气设备，从而引发火灾。

（4）一些农村居民安全意识与法制观念淡薄，消防知识和技能不足。儿童缺乏教育和管理，经常玩火。乡镇企业职工常常违章操作，因泄私愤报复放火也时有发生。

37. 农村火灾特点

火灾是指在时间或空间上失去控制的燃烧所造成的灾害，是农村常见的灾害。根据发生地点和可燃物不同，农村火灾有村舍建筑火灾、场院柴草火灾、山林火灾、农田火灾、草地火灾、乡镇企业火灾等不同类型。农村火灾的特点与城市火灾不同，主要有以下几点：

（1）明显的季节性和时间性

1）农村火灾通常发生在最干燥的季节，北方多在冬春季节，南方多在秋冬季节。

2）节假日往往是农村火灾多发期，特别是春节、元宵节燃放烟花爆竹，清明节和中元节上坟烧纸，中秋节观灯都容易酿成火灾。

3）收获时节晾晒作物的场院易发生火灾。北方小麦在初夏收获，南方早稻在盛夏收获，都是一年中的高温和偏旱季节，堆积的禾草茎叶干枯容易引燃。

4）南方夏季夜晚点蚊香容易引燃蚊帐等易燃物而酿成火灾，北方冬季烤火取暖不慎也容易引起火灾。

（2）点多面广，扑救难度大

农村交通和通信不便，可燃物多，消防设施和水源条件较差，农村居民消防意识差，消防技能不足，一旦起火扑救难度很大。

（3）受灾人数多，损失惨重

农村一旦发生火灾，往往会火烧连营，房屋、粮食、柴草焚烧殆尽，瞬间造成严重损失。

38. 农村房屋火灾预防与扑救

（1）农村房屋火灾的特点

大多数农民建房没有规划，村民住宅密集，且多使用木质材料，耐火等级低，许多村民还在房内存放粮食、柴草等。农村房屋内电线大多老化，有些农民私拉乱接电线，超负荷用电也很常见，因此，火灾风险要比城市大得多。

许多农村的房屋毗连，无防火墙分隔。火灾发生时由于垮塌、飞火和高温炙烤，容易迅速蔓延。

（2）农村房屋火灾的预防措施

1）修建消防水塔并埋设管道，把消火栓安装在房前屋后。

2）院内柴草与灶台要保持足够的距离，并以防火墙或盛水防火槽隔离。

3）购置灭火器、灭火桶、灭火沙等消防器材。

4）取暖炉应与床铺、木窗框等可燃物保持一定的距离，炉旁不要放置废纸、刨花、柴草等易燃物，掏出的炉渣要完全熄灭后倒在安全处。

5）教育儿童不要玩火，火柴、打火机等要放在儿童不易够到的地方。

6）烧柴做饭时，灶前不要离人，烟囱必须高出屋顶 1 米以上，并在烟囱上加防火帽或挡板。不要贪图便宜买没有质量保证的电器产品。

7）使用液化气或沼气时，灶前不能离人，防止溢锅灭火使燃气泄漏。用完火后要先关总阀门，再关灶上开关。

(3) 农村房屋火灾的扑救措施

火灾初起时，可将灭火剂直接喷洒在燃烧物上或用水冷却灭火。但是电气设备起火时，严禁用水灭火，首先要切断电源，如无法切断，要迅速用干粉灭火器或二氧化碳灭火器灭火。

当火灾有蔓延趋势时，应立即报告消防部门，并立即疏散附近村民，搬移周围柴草、秸秆、粮食、化肥、柴油等易燃物品，必要时拆掉邻屋和棚架，以防火势蔓延。报火警后要派人到路口为消防车带路，并派人调用水泵以利用最近水源。

(4) 农村房屋火灾的逃生措施

1）房屋着火无法扑灭时，不要惊慌失措地盲目乱跑。据统计，火灾中死于烟雾中毒的人数占火灾死亡总人数的 90% 以上。因此，逃生时应用衣服或手帕遮掩口鼻，采取较低姿势快速有序地撤离。不要大声呼喊，以防烟雾进入呼吸道。

2）楼下发生火灾时，楼上的人要冷静、果断，想办法逃生。如果楼梯或门口火势不大，要早下决心用湿棉被、湿床单、湿浴巾裹身冲出。

3）如果楼梯或门口已被大火封堵，楼层不高的可通过窗台、阳台、下水管、竹竿等滑下逃生，或先往地面抛棉被、床褥、海绵垫等软物，然后用手扒住窗台往下跳。楼层较高的可在门窗等牢固处拴绳或用被单、床单代替，顺连接物滑下。

4）如无法逃出，可用湿布料、湿毛巾等封堵着火方向的门窗，并用水不断浇湿，以延缓火势蔓延的速度，同时从未着火的门窗向外发出求救信号。

39. 山林火灾预防与扑救

（1）山林火灾的特点

山林火灾包括森林、灌木丛或草坡的火灾。野外吸烟、上坟烧纸、野炊烧烤、儿童玩火、烧荒跑火、打猎跑火、人为纵火、雷击火、农事用火、炼山造林、林区作业机械跑火等都有可能引发山林火灾。树脂较多的针叶林更容易发生火灾且蔓延迅速，树冠着火后还容易产生飞火，形成新的火点。山林火灾有时发生在复杂地形，受局地山谷风与火场植被条件的影响，延烧状况变化很大，大风可助长火势并产生大量飞火，给灭火带来极大的困难。山林火灾可分为三个阶段：

1）预热阶段。可燃物在火源的作用下温度逐渐升高，因水分蒸发而变得干燥并产生大量烟雾，部分可燃气体挥发。

2）气体燃烧阶段。可燃气体被点燃，温度迅速升高，呈黄红色火焰并产生二氧化碳和水蒸气。

3）有机物烧尽后以固体燃烧为主，为木炭燃烧阶段，燃尽后只剩下灰分。

（2）山林火灾的预防措施

1）设定防火期和防火戒严期。防火期是指火灾可能发生并造成一定损失的时期，通常为旱季；防火戒严期是指火灾发生率最高的时期，具体时期因各地气候条件而异。

2）加强山林防火管理。山林防火重在严查和严管，特别是要严格落实防火责任制、防火属地管理责任制和行政责任追究负责制，实行乡领导包村、村干部包片、护林员包山头、退耕户包管护地段的制度。

3）合理规划造林和布局造林。应留出适当的隔离带空地，林区边缘和林区每隔一定距离应种植一些含油脂少、含水量大、萌芽重生力强、不易引燃的树种作为防火林，常见的防火植物有银杏、荷木、海桐、夹竹桃、大叶黄杨等。

（3）山林火灾的扑救措施

山林火灾的扑救必须遵循“先控制、后消灭、再巩固”的原则，分阶段进行。

1）控制火势阶段。要紧急行动封锁火头，将火势控制在一定范围内。

2）稳定火势阶段。扑打火翼防止火势向两侧蔓延，扑灭后巡逻，熄灭余火。

3）看守火场阶段。留守人员要严格防止余火复燃，一般荒山和幼龄林地要监守 12 小时，中龄林地要监守 24 小时以上。

4）林火初起时要堵住火头不使其扩展。

5）林火蔓延扩展后应从侧面展开扑救，伐木、注水、设定防火线并留有充分空地。水量不足时可打火、土埋，但所需时间较长，危险性也较高。

6）火势猛烈、延烧扩大，又没有其他适当的灭火手段时，可在延烧方向的前方放火，使火焰合流以削弱火势，直至自然熄灭。

（4）山林火灾的逃生措施

1）一旦发现身处着火区，应蘸湿毛巾捂住口鼻，如附近有水要将衣服浸湿。

2）密切注意风向变化，一定要逆风逃生，因为顺风逃生会被火势追上。

3）已被大火包围时，要迅速向已过火或杂草稀疏、地势平坦的地段或土坑、河谷转移。穿越火线要用浸湿的衣服蒙住头部，深吸一口气后快速逆风冲越。

4）如果被大火包围在半山腰，要快速向山下跑，因为火势会向山上蔓延。

5）开阔平地即将被大火包围时，可点火烧光身边所有可燃物，利用附近的土坑、水沟扒开湿土就地卧倒，用湿衣服捂住口鼻，火头过后再设法逃离。

40. 草原火灾预防与扑救

（1）草原火灾的特点

草原火灾的发生原因和条件都与山林火灾相似，由于地势开阔、空气干燥，导致火势猛、火头高，火借风势容易迅速蔓延。草原风向多变，易形成多岔火头。大多数草原旱季水源缺乏，人烟稀少，给扑救火灾带来了不少困难。但草原比较平坦，消防车容易到达，在远处就能发现烟雾，可燃物数量也比森林少。

(2) 草原火灾的预防措施

1）重点草原防火区的县级以上政府应建立专业灭火队，有关村镇应建立群众灭火队并进行专业培训。

2）草原防火实行“预防为主、防消结合”的方针，建立各级防火责任制并制定应急预案。

3）草原防火期应建立严格的防火与安全用火制度。除特殊需要经草原防火主管部门批准并采取严格的防火措施外，禁止在草原上室外用火；在草原上作业或行驶的机动车应安装防火装置。

4）草原防火期出现高温、干旱、大风等高火险天气时，要划定草原防火管制区，禁止一切野外用火，不准上坟烧纸、烧茬、烧荒。

(3) 草原火灾的扑救措施

1）草原火灾初起时应立即扑打、压灭，力争在火势蔓延和扩散前得以控制。

2）一旦火灾蔓延和扩大，应组织专业队伍使用专门器具扑救，尽可能“打早、打小、打了”。常用灭火工具有风力灭火机、灭火水枪、胶条及火场清理工具等。

41. 其他火灾预防与扑救

（1）场院火灾的预防与扑救措施

场院火灾通常由扬场机、脱谷机等动力机械的火星溅落到漏油或干燥的秸秆上起火，并引燃堆晒的粮食和场院的房屋。场院防火首先要控制火源，严禁携带火种进入场院和在场院做饭、吸烟。动力机械要定期检修，防止漏电和超负荷运行。场院应准备沙土、水缸、灭火器等灭火器材。休息时应有人值班看守。一旦起火要尽快利用附近的沙土和水源灭火。如果火势蔓延要立即呼叫村民救援，同时尽快移走周围的柴草、秸秆等。

（2）机动车火灾的扑救措施

机动车起火通常是由吸烟、电线短路、撞车、翻车等造成，发动机火灾大多由于燃油被明火或过热排气管点燃所致。发生火灾时的应急措施如下：

1）将机动车尽快移离加油站、民房、高压电线、易燃物品仓库和树林等危险地段，尽量移往空旷地后再设法灭火。

2）无法扑灭时要迅速逃离着火车辆。应先关闭点火开关、电源总开关和油箱盖。无法打开驾驶室车门时应打破挡风玻璃逃离。火焰逼近时要用身边的物体猛压火焰冲出一条生路，不要张嘴呼吸或高声呼喊，要及早脱去着火的衣服。

3）发动机着火时尽量不打开机罩，要从通气孔、散热器、机车侧面和车底等处灭火。车厢内货物着火时，不要轻易打开车厢门，应使用车载灭火器瞄准火源，或利用路边的沙土、浸湿的棉被和衣服灭火。汽油着火时不能用水灭火，只能用沙土灭火。

（3）乡镇企业火灾的预防与扑救措施

乡镇企业的火灾隐患表现在选址未考虑周围火险隐患，企业建筑物耐火等级低，施工装修大量使用可燃易燃物，无隔离带与防火间距；消防设施落后，消防监督差；职工流动性大，人员素质参差不齐，消防意识淡薄等。

做好乡镇企业消防工作，要加强宣传，提高消防意识；逐级建立健全消防安全责任制与组织机构，完善消防安全管理；改善消防安全基础条件，提高建筑耐火等级和工艺，提高设备消防安全系数，配备消防设施，加强维护管理；加强用火、用电和易燃易爆物品管理。

扑救火灾要考虑不同企业的火灾特点，做好劳动场所职工的安全撤离和疏散工作，防止火灾蔓延、扩大和引发有毒有害物质泄漏。矿井火灾救援的关键是及时通风。纺织、面粉加工等企业火灾救援要泼水增湿，以防粉尘爆炸。

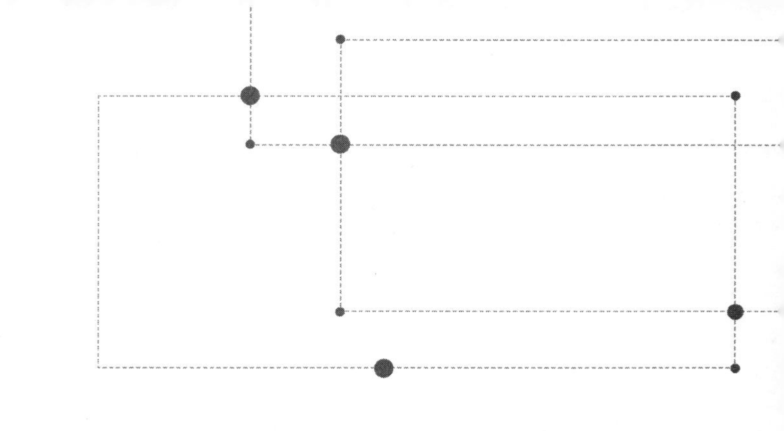

第 9 章

农村自然灾害安全应急

42. 暴雨灾害防护

由于各地降水和地形特点不同，各地暴雨洪涝灾害的标准也有所不同。特大暴雨是一种灾害性天气，往往造成洪涝灾害和严重的水土流失，导致工程坍塌、堤防溃决和作物被淹等重大的经济损失。特别是在一些地势低洼、地形闭塞的地区，雨水不能迅速排放，造成农田积水和土壤水分饱和，会带来更多的灾害。

（1）暴雨的危害

1）直接危害如下：

①渍涝危害。由于暴雨急而大，排水不畅易引起积水成涝，土壤孔隙被水充满，造成陆生植物根系缺氧，使根系生理活动受到抑制，处于嫌气状态，产生有毒物质，使作物受害而减产。

②洪涝灾害。由暴雨引起的洪涝淹没作物，使作物新陈代谢难以正常进行而发生各种灾害。水越深，淹没时间越长，危害越严重。

③山洪暴发。特大暴雨引起的山洪暴发、河流泛滥，不仅危害农业、林业和渔业，而且还会冲毁房屋和工农业设施，造成人畜伤亡。

2）衍生危害如下：

①山体滑坡。在暴雨季节，有些山体长时间被雨水浸泡，表面山石和泥土松动后容易产生山体滑坡。

②崩塌。崩塌易发生在较为陡峭的斜坡地段。崩塌常导致道路中断、堵塞，或坡脚处建筑物毁坏倒塌，如果发生洪水还可能直接转化成泥石流。更严重的是，因崩塌堵河断流而形成的堰塞湖，会引起上游回水，使江河溢流，造成水灾。

③泥石流。泥石流是山地沟谷中由洪水引发的携带大量泥沙、石块的洪流。泥石流来势凶猛，而且经常与山林崩塌相伴，对农田、道路、桥梁以及建筑物破坏性极大。

（2）暴雨危害防御措施

1）预防措施如下：

①农村居民建房时，应选择地势较高、坡势较缓的房址，房基部分要注意加固，以避免损失。

②应在雨季来临之前检查房屋，维修房顶。

③检查农田、鱼塘排水系统，做好排涝准备，根据暴雨预警信号，采取相应的排涝措施。

④新农村中居民不要将垃圾、杂物丢入下水道，以防堵塞，积水成灾。

2）应对措施如下：

①低洼处的居民房，可因地制宜采取砌围墙、房屋门口放置挡水板或堆砌土坎、配置小型抽水泵等方法。必要时，危房、工棚里的居住人员要及时转移。

②切断有危险的室内外电源，暂停室外作业。

③室外积水漫入室内时，应立即切断电源，防止积水带电伤人。

④暴雨期间尽量不要外出，必须外出时应尽可能绕过积水严重的地段。

⑤在积水中行走时，要注意观察，贴近建筑物行走，防止跌入窨井、地坑等。

⑥驾驶员遇到路面积水过深时，应尽量绕行，不可强行通过。

⑦尽量远离河道，避免发生意外。

⑧注意防范可能引发的山洪、滑坡、泥石流等灾害。

⑨在山区时，当上游来水突然混浊、水位上涨较快时，须特别注意，这时可能有山洪暴发，应远离危险地带。

43. 洪涝灾害防护

（1）洪涝灾害

洪涝灾害是由于河道宣泄不畅，从而使农田积水成灾。洪涝灾害可分为洪水、涝害、湿害。

1）洪水。大雨、暴雨引起山洪暴发、河水泛滥，淹没农田，毁坏农业设施。

2）涝害。雨水过多、过于集中或返浆水过多造成农田积水成灾。

3）湿害。洪水、涝害过后排水不良，使土壤水分长期处于饱和状态，植物根系缺氧而成灾。

（2）洪涝的危害

洪涝灾害具有很大的破坏性，不仅对当地有害，而且严重危害相邻流域，造成水系变迁。很多地区都有可能发生洪涝灾害，包括山区、滨海、河流入海口、河流中下游以及冰川周边地区等。洪涝主要危害农作物生长，使农作物受淹，造成农作物大量减产甚至绝收。洪水带来的泥沙会压毁作物，堆积在田间，使土质恶化，造成连续多年减收减产。

(3) 洪涝灾害预防措施

1）在加高加固防护堤的同时，必须对江、河道进行清淤疏浚。

2）搞好农田水利建设，建设旱涝保收的高产稳产农田。

3）充分重视生态环境，加强江河上游水土保持，减少泥沙流入江河的数量。

4）在江河流域封山育林，限制采伐，涵养水源，防止水土流失。具体措施为植树造林、种牧草、修梯田、挖蓄水坑和蓄水塘等。做好山区水土保持，上游建库，中下游筑堤，洼地开沟，就能调节蓄水，有蓄有排，取得既能防洪又能防旱的效果。

5）健全各级防汛机构，建立洪涝灾害监测预警系统，加强气象和水文监测预报。

(4) 农作物防御洪涝措施

1）根据洪涝和湿害的发生规律，因地制宜合理布局农作物，调整种植结构，实行防涝栽培。调整旱生和水生作物比例，适当调整插播期。

2）旱地怕涝作物要采取联片种植，做到排灌分家，避免水田和旱田用水相互矛盾。

3）实行深沟、高畦耕作，可迅速排除畦面积水，降低地下水位，这样雨涝发生时，雨水可以及时排出。

4）加强农田基本建设。低洼地开沟降低水位，沿江河地区内外河分开，加强田间管理，改善土壤通气性，防止地表板结和盐渍化。

5）洪涝发生前，如作物接近成熟，应组织力量及时抢收。

6）洪涝灾害发生时，要利用退水清洗沉积在植株表面的泥沙，同时要扶正植株，让其尽快恢复生长。

7）洪涝灾害过后，必须迅速疏通沟渠，尽快排涝去渍。还要及时中耕、松土、培土、施肥、喷药防虫治病，加强田间管理。如果农田中大部分植株已死亡，则应根据当地农业气候条件，特别是生长季节的热量条件，及时改种其他适当的作物，以减少洪涝灾害损失。

44. 泥石流灾害防护

(1) 泥石流的特点

泥石流是山区沟谷中或斜坡上由暴雨、冰雪融化等水源激发的、含有大量泥沙石块的特殊洪流。泥石流往往突然暴发，在很短时间内将大量泥沙、石块冲出沟外，在宽阔地带漫流堆积，常常给生命财产造成很大危害。泥石流具有两大特征：一是来势凶猛，成灾迅速；二是推、垮、堵、压等破坏同时发生，灾情规模大，危害严重。

(2) 泥石流的危害

泥石流的危害表现在以下几个方面：

1）对居住区的危害。泥石流最常见的危害之一是冲进乡村、城镇，摧毁房屋、工厂、企事业单位及其他场所设施，淹、埋人畜，毁坏土地。

2）对基础设施的危害。泥石流可直接埋没车站、铁路、公路，摧毁路基、桥梁等设施，致使交通中断；还可引起正在运行的火车、汽车颠覆，造成重大的人身伤亡事故。有时泥石流汇入河流，引起溪流改道，甚至迫使道路改线，造成巨大经济损失。

3）对环境的危害。泥石流可对景观生态、环境资源和自然遗产造成毁灭性的、不可恢复的破坏。

(3) 泥石流防御措施

防治泥石流灾害，可根据不同地区的特点，采取不同的措施。

1）防治坡面水土流失。在多数地区，山洪、泥石流的发生与坡面水土保持和农业生产活动密切相关。因此，禁止坡地开荒，封山育林，种草种树，搞好水土保持，同时实行合理耕作活动，可以从根本上减轻山洪、泥石流灾害。

坡面的一般防治措施如下：

①退耕，植树种草，增加植被覆盖，可以在泥石流区形成一种多结构的地面保护层，制止坡土流失。

②改坡土为梯田。

2）预防性疏导措施如下：

①采用排导法，在经常受到泥石流危害的地区附近修建排洪道和导流堤。用渠道将雨水从泥沙堆积区引开，使水与泥沙隔离，避免泥石流形成。

②建造蓄水池，当暴雨出现时，可引洪入池。

③有条件的地方在泥石流出口设置停淤场，避免堵塞河道。

3）防御性阻挡和加固措施如下：

①在中、上游设置拦挡坝，拦截泥石流固体物。

②修建护岸工程，用砌石或混凝土加固岸坡，防止河流和水库的岸坡塌陷。

③采用固结防渗灌浆法，对土层底面注浆加固，提高岩石强度，可有效地避免水坝两边的山体产生泥石流。

4）加强监测。在泥石流易发生区建立观测站，加强监测，及时预报险情。

（4）泥石流灾害应对措施

1）发现有泥石流迹象，应立即观察地形，向沟谷两侧山坡或高地跑，不要顺着泥石流沟向上游或向下游跑。

2）逃生时，要抛弃一切影响奔跑速度的物品。

3）不要停留在低洼的地方，也不要攀爬到树上躲避。

4）不要躲在有滚石和大量堆积物的陡峭山坡下面。

5）人员须迅速迁至安全区，要在距离村庄较近的山坡或位置较高的台阶地上建立临时躲避棚。

（5）泥石流伤害人员的救护措施

1）将压埋在泥浆或倒塌建筑物中的伤员救出后，立即清除口、鼻、咽喉内的泥土及痰、血等，排出体内的污水。

2）对昏迷的伤员，应将其平卧，头后仰，将舌头牵出，尽量保持呼吸道畅通，如果有外伤应采取止血、包扎、固定等方法处理。如果出血呈喷射状，则为动脉破损，应在伤口近心端找到动脉血管（一条或多条），用手指或手掌把血管压住，即可止血。

3）如果伤员四肢受伤，可在伤口近心端用绳子或布带等捆扎，松紧程度视出血状态而定，每隔 1～2 小时松开一次进行观察并确定后续处理措施。

4）包扎伤员伤口时，迅速检查伤情，如果有酒精或碘酒棉球，应将伤口周围皮肤消毒后，用干净的毛巾、布条等将伤口包扎好。

45. 冰雹灾害防护

（1）冰雹的特征

冰雹在夏季或春夏之交最为常见，它是一些小如绿豆、黄豆，大似栗子、鸡蛋的冰粒。冰雹常与雷暴、大风结伴而行。其主要特点是突发性强，来势凶猛。冰雹危害时间短，一般持续时间仅几分钟，很少超过半小时，危害范围小。冰雹一般有以下几个特征：

1）局地性强，每次冰雹的影响范围一般宽几十米到数公里，长数百米到十多公里。

2）历时短，一次降雹时间一般只有几分钟，少数在 30 分钟以上。

3）受地形影响显著，地形越复杂，冰雹越易发生。

4）在同一地区，有的年份连续发生多次，有的年份发生次数少甚至不发生。

5）发生区域广，从亚热带到温带的广大气候区内均可发生，但以温带发生地区居多。

（2）冰雹的危害

俗话说“雹打一条线”，其宽度一般只有1~2公里，但破坏性大。由于强风吹、冰雹砸，冰雹所经之处，往往房倒屋损，树木、电线杆倒折，农作物被毁，人畜被砸伤。特大的冰雹甚至比柚子还大，会致人死亡，毁坏大片农田和树木，摧毁建筑物和车辆等，具有强大的杀伤力。

（3）冰雹灾害防御措施

我国是世界上人工防雹较早的国家之一。由于我国雹灾严重，长久以来，我国一直在开展人工防雹，使其向人们期望的方向发展，达到减轻灾害的目的。

人工防雹就是采用人为的办法对一个地区上空可能产生冰雹的云层施加影响，使云中的冰雹胚胎不能发展成冰雹，或者使小冰粒在变成大冰雹之前就降落到地面。目前使用的人工防雹方法有两种，一种是爆炸方法，另一种是化学催化方法。

1）爆炸方法。近年来，各地普遍采用空炸炮和土迫击炮，可发射至300~1 000米高度。爆炸时产生的冲击波能影响冰雹云的气流，或使冰雹云改变移动方向。爆炸冲击波使过冷的水滴冻结，从而抑制冰粒增长，而小冰雹很容易化为雨，这样就起到了防雹的效果。

2）化学催化方法。用高炮或火箭将装有碘化银的弹头发射到冰雹云的过冷却区，以喷焰或爆炸的方式播撒碘化银，或用飞机在云层下部播撒碘化银药剂。药物的微粒产生冰核作用，过多的冰核“分食”过冷水而不让雹粒长大或拖延冰雹的增大时间。

(4) 人员防雹措施

1）尽量不要外出或站在露天场所，户外人员暂停劳作，到安全地方躲避。

2）关好门窗，妥善安置易受冰雹、大风影响的室外物品。

3）冰雹来临时，要迅速在最近处找到带有顶篷、能够避雹防雹的安全场所。

4）户外遭遇冰雹，可找盆、筐、木板或利用随身物品遮挡头部、蹲下躲避，不要乱跑。

(5) 农业防雹

1）在多雹地带，种植牧草和树木，增加森林面积，改善地貌环境，破坏雹云条件，达到减少雹灾的目的。

2）根据当地冰雹出现的气候规律，种植抗雹能力强和恢复能力强的农作物。

3）根据当地冰雹出现的气候规律，适当调整播种时段，尽量使抽穗开花至灌浆成熟期避开冰雹危害时节。

4）当冰雹将要出现时，对已经或接近成熟的作物应组织劳力抢收堆垛；对于水稻秧田、育苗地可灌深水，雹后立即排

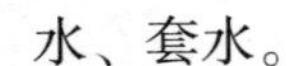

水、套水。

5）多雹灾地区降雹季节，农民下地应随身携带防雹工具，如竹篮、柳条筐等，以减少人身伤亡。

6）关闭和覆盖好设施大棚，尽量减少损失。

46. 雷电灾害防护

雷电灾害是“联合国国际减灾十年”公布的最严重的十种自然灾害之一。全球每年因雷击造成的人员伤亡和财产损失不计其数。据不完全统计，我国每年因雷击以及雷击负效应造成的人员伤亡达 3 000～4 000 人，财产损失达 50 亿～100 亿元。

（1）雷电的危害

1）造成人畜伤亡。雷电的电压可达上亿伏特，远远超过人和牲畜可承受的安全电压，因此雷击对人和牲畜造成的伤害是巨大的，严重时甚至导致死亡。

2）引发火灾。雷电中蕴含的能量巨大，这些能量在释放出来后一般都会转化为大量的光能和热能，当这些能量作用于树木、枯草等易燃物时极易引发火灾。

3）对电力设施的危害。当雷电进行放电时，能产生数万伏乃至数十万伏的冲击电压，在强大的冲击电压作用下，电力变压器、发电机、输电线路以及农民家中的电气设备都会受到影响而发生损坏，严重时甚至会引发电气火灾。

（2）雷电灾害防御措施

1）室外防雷措施如下：

①不宜在大树下躲避雷雨，如万不得已，则须与树干保持 3 米距离，下蹲并双腿靠拢。身体高度在树木高度的 1/5 以下时，比较安全。

②切勿在山洞口、大石下或悬岩下躲避雷雨，因为这些地方容易形成火花间隙，电流从中通过时产生的电弧可以伤人。尽量躲到山洞深处，两脚也要并拢，身体不可接触洞壁，同时要把身上的金属物件放到一边。

③雷雨天气不要人与人拉在一起，相互之间要保持一定的距离，避免在遭受直接雷击后传导给他人。

④雷雨天气不宜在水面和水边停留，不宜在河边洗衣服、钓鱼、游泳、玩耍。因为水面易遭雷击，同时在水中若受到雷击伤害，还会增加溺水的危险。另外，尽可能不要待在没有避雷设备的船只上，特别是高桅杆的木帆船。

⑤人在空旷地活动时，很容易成为“引雷针”。因此，雷雨天气应避免在空旷地方行走、骑车、劳作等，更不宜在旷野中撑伞或肩扛锄头等物，以免遭雷击。

⑥应远离山顶上的孤树和孤立草棚等，如果一时又找不到其他避雷场所，野外的密林也可以避雷电，因为密林各处遭受雷击的机会差不多。这时最好选择林中空地，要双脚并拢，与四周的树保持一定的距离。

⑦如果正在驾车，应留在车内。车主体是金属的，有屏蔽作用，即使闪电击中汽车也不会伤人。

2）室内防雷措施如下：

①要注意关闭门窗。对钢筋水泥框架结构的建筑物来说，关闭门窗可以预防侧击雷和球雷的侵入。

②拔掉电视的户外天线插头和电源插头。

③不要靠近窗口，尽可能远离电灯、电线、电话线等引入线。

④太阳能热水器用户切忌洗澡。

⑤不要将晒衣服的铁丝接到窗外、门口，以防铁丝引雷。

(3) 雷电遇险急救措施

人员遭雷击后如果抢救及时，其生还的可能性还是很大的。对雷击人员的急救要点如下：

1）立即拨打急救电话，等待急救人员到来。

2）使伤员就地平卧，松解衣扣、胸罩、腰带等。

3）如果伤员衣服着火，可用水灭火，或者用厚外衣、毯子把伤员裹住以扑灭火焰。

4）立即施行口对口人工呼吸，并进行胸外心脏按压，坚持到伤员醒来为止。

5）用手按住或用针刺人中、十宣、涌泉、命门等穴。

6）如果被闪电击中的人数较多，应先抢救其中较危重的人。

47. 大风灾害防护

大风一般指寒潮大风，是由寒潮天气引起的大风天气。寒潮大风主要是偏北大风，风力通常为 5~6 级，当冷空气强盛或地面低压强烈发展时，风力可达 7~8 级，瞬时风力会更大。大风造成的灾害主要取决于风力和大风持续的时间。

(1) 大风的危害

1）对建筑物的危害如下：

①大风对房屋造成危害的主要原因是风压。由于自然风是阵性的，在风的作用下房屋会出现周期性晃动，最终可导致房屋坍塌。尤其是处于风口处的建筑物，由于其承受的风压更大，更容易遭受损失。

②农村一些新建筑由于在房顶山墙上没开气窗或开得很小，使得瓦背和瓦面两侧气流速度不同而出现负压，从而常导致房瓦被大风揭掉。

2）对农业的危害如下：

①大风使作物叶片遭受机械擦伤，使作物倒伏、落花落果而影响产量。

②地方性风，如含盐分较多的海潮风、高温低湿的焚风和干热风，都严重影响果树开花、坐果和谷类作物的灌浆。

③大风可造成土壤风蚀、沙丘移动而毁坏农田。

④在干旱地区盲目垦荒，大风将导致土地沙漠化。

⑤牧区的大风和暴风雪可吹散畜群，加重冻害。

(2) 大风灾害防御措施

1）主动防御措施如下：

①新建住宅防御。农村新建住宅选址要注意避开风口；保护好周围的林木，以利用其削减风力；要加强砌块的黏合力及梁柱等主要构件牢固度，并注意把气窗适当开大些；在建好的

房屋周围，还要多栽速生林木，以尽快形成保护屏障。

②种植防御。选择抗风树种，营造防风林，设置风障。培育矮化、抗倒伏、耐擦的抗风品种等。风口、风道处选择抗风性强的树种，如垂柳、乌柏等。

③注意苗木质量及栽植技术。苗木移栽，特别是移栽大树时，如果根盘起得小，则因树身大，易遭风害。所以大树移栽时一定要立支柱，以免树身被吹歪。在多风地区栽植，坑应适当大些。对于遭受大风危害的树，应及时顺势扶正、培土、修去部分枝条，并立支柱。对裂枝，应捆紧其基部创面，促进其愈合，并加强肥水管理，促进树势的恢复。

2）根据气象部门的预报，积极采取措施。

①及时对日光温室、拱棚等农业设施进行巡查，并进行必要的加固修复，防止大风吹垮倒塌。

②认真做好棚体加固、压紧棚膜、保温防冻等防御工作。给蔬菜大棚覆盖双层膜及草帘，大棚内可添加小拱棚，提高棚室温度，防止冻害。

③加强圈舍加固、畜禽免疫等工作，做好幼畜的保暖，提高畜禽抗寒、抗病能力，确保畜禽安全。

④北方牧区须做好牲畜转场、饲草料储备、牲畜防寒保暖等工作。

⑤相关水域水上作业和过往船舶采取积极的应对措施，加固港口设施，防止船舶走锚、搁浅和碰撞。

（3）居民风灾预防与应急措施

1）预防措施如下：

①关注天气预报，做好防风准备。

②密切关注火灾隐患，以免发生火灾时火借风势，造成重大损失。

③老人和小孩切勿在大风天气外出。

2）应急措施如下：

①大风天气，不要在高大建筑物、广告牌、不结实的房屋、临时搭建物或大树的下方停留、避风。

②及时加固门窗、围挡、棚架等易被风吹动的搭建物，妥善安置易被大风损坏的室外物品，加固危房。

③尽量减少外出，必须外出时应避免骑自行车。

④在水面作业或游泳的人员，应立刻上岸避风。船舶要听从指挥，放下船帆，回港避风。

48. 暴雪灾害防护

冬季适量的积雪覆盖对于农作物越冬、增加土壤水分、冻死害虫卵、减轻大气污染等是有益的，但寒潮带来过多的降雪，甚至连续数天或数十天的暴风雪，就会造成雪灾。我国雪灾一般发生在西北地区，对西北地区人民的生活造成了严重危害。

（1）雪灾的危害

1）在牧区，由于寒潮暴风雪而酿成“白灾”，牧草被雪深埋，牲畜吃不上鲜草，干草供应不上，造成大量牲畜冻饿或染病而死亡。

2）雪灾带来的低温对居民的日常生活造成了很大不便。

3）雪灾严重时会压断输电线路，压塌信号塔，对居民用电造成不便。

4）如果雪量过大会封堵公路，并且当雪融化后再遇低温便会结冰，给人的日常出行带来极大不便。

5）雪灾会使冬季作物严重减产，造成巨大的经济损失。

（2）雪灾防护措施

1）农业生产雪灾防御措施如下：

①要及早采取有效防冻措施，抵御强低温对越冬作物的侵袭，特别是要防止持续低温对旺苗、弱苗的危害。

②加强对大棚蔬菜和越冬蔬菜的管理，防止连阴雨雪、低温天气的危害。雪后应及时清除大棚上的积雪，既减小塑料薄膜压力，又有利于增温透光。

③要趁雨雪间隙及时做好“三沟”的清理工作，降湿排涝，以防连阴雨雪天气造成田间长期积水，影响作物根系生长发育。同时要加强田间管理，中耕松土，铲除杂草，提高作物抗寒能力。

④及时给作物盖土，提高御寒能力，若能用猪牛粪等有机肥覆盖，保苗越冬效果更好。

⑤要做好大棚的防风加固，并注意棚内的保温、增温，减少蔬菜病害的发生。

2）北方地区农牧业雪灾防御措施如下：

①建立草料库。在入冬前要备足草料，在条件好的地区，可以扩大草场面积和建立人工饲料基地，种植饲料作物和优良牧草，为草料库提供充足的草料，以解决雪灾期的饲料问题。

②加强棚圈建设。在雪灾发生后实行牲畜圈养，避免风雪

直接危害。若在放牧转场途中，则要利用避风向阳、干燥的地形，垒筑防风墙、防雪墙，尽可能做到避寒防冻，以减轻暴风雪的危害。

③机械破雪和除雪。当雪灾强度不大时，可用机械或马群破雪，即在被雪覆盖的草场上，先放马群，再放牛群，最后放羊，也可收到较好的抗灾效果。

④加强预警。有关部门应严密监视可能引发暴风雪的天气形势，提前预报暴风雪的强度和影响范围，并发布相关预警信号，提醒各界提前防御。

3）人员应对雪灾的措施如下：

①关注气象部门关于暴雪的最新预报、预警信息。

②关好门窗，紧固室外搭建物。

③居民要注意添衣保暖，尤其是要做好老弱病人的防寒工作。

④暴雪来临前要减少外出活动，特别是尽可能减少车辆外出。

⑤必须外出时采取保暖措施，不穿鞋底硬或滑的鞋，避免摔伤。

⑥如果在室外，要远离广告牌、临时搭建物和老树，避免砸伤。

⑦做好防寒保暖准备，储备足够的食物和水。

⑧不要待在不结实、不安全的建筑物内。处在危旧房屋内的人员要迅速撤出，尤其是遇到暴风雪时，大跨度的厂房等要进行加固。

⑨及时清扫道路积雪，清除林木积雪，在确保安全的情况下清除房顶积雪。

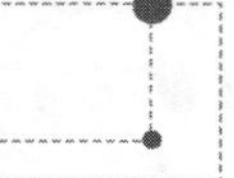

⑩在取暖过程中要提防煤气中毒，尤其是采用煤炉、炉灶取暖的居民。

49. 地震灾害防护

(1) 地震的危害

地震是人们通过感觉和仪器可以觉察到的地面震动现象，强烈地震及其次生灾害会给人民的生命财产带来巨大损失，是最严重和破坏力最大的一种自然灾害。

地震可能造成的危害如下：

1）地震的原生性灾害可造成地面破坏，如地裂和塌陷；可造成建筑物与构筑物损坏，如房屋倒塌、桥梁断裂、水坝开裂、铁轨变形等。

2）震时或震后紧接着出现的灾害称为次生灾害，常见的有地震火灾、地震水灾、有害气体泄漏、滑坡、泥石流、海啸等。

3）地震衍生灾害主要有震后供电、供水、通信等生命线系统破坏造成的城市功能瘫痪，工业设施破坏导致的生产停顿，震后环境恶化、疫病传播造成的继发性伤亡以及灾难给人们心灵和精神上带来的创伤等。

(2) 农村地震灾害的特点

农村本身的特点对于抗震救灾来说，既有好处，也有坏处，具体如下：

1）农村防震避险的有利条件如下：

①农村居民流动性小，室外活动较多，白天发生地震不易受伤，发生地震后家庭成员和亲友之间比较容易找到。

②农村建筑不如城市密集，北方多为平房，南方经济发达地区为两三层楼，房屋之间有一定的距离，一旦发生地震，逃生的时间和空间都比城市宽裕。

③农村空旷地和树木较多，容易找到搭建地震临时避险场所的地点和材料。

④农村自然水源较多，农田还有蔬菜、果树和粮食作物，简易粮库一般不易倒塌，震后短期生存所需食物比城市容易解决。

2）农村地震救援的不利条件如下：

①农村地域广大，地震发生概率远大于城市，近十年来我国发生的破坏性地震大多数都在农村。

②农村住房大多没有防震设施，又缺乏规划设计，房屋质量不高，常因小震致灾甚至小震大灾，民居破坏远比城市严重，一般占总经济损失的70%~90%。

③农村通信条件较差，地震后外出人员不易取得联系。

④农村交通不便，震后外界的救援人员和物资到达较慢，山区甚至断绝交通。

⑤农民的科学文化素质较低，避震逃生和救援行为往往带有更多的盲目性。

（3）地震灾害预防措施

根据农村地震灾害的特点，可以从以下方面采取措施来降低地震所带来的危害。具体内容如下：

1）加强农村规划，深化管理力度。对于农村建筑物布局要加强管理，防止乱搭乱建，树立科学建房的观念。对于处于活动的滑坡、崩塌体和活动断裂带上的农村，政府应动员其搬迁至相对稳定的地区。

2）加强对农村民房抗震设施的宣传指导，鼓励村民加强房屋的抗震性能，改善农村房屋的建筑结构，多使用抗震性能好的建筑结构，如钢筋混凝土结构。

3）加强农村基础设施建设，并定期进行维护，提高各类公共设施的抗震性能，保证其在地震过后的救灾过程中能正常运行，为抗震救灾提供便利。

4）加强防震减灾知识宣传，提高农民对震灾的心理承受能力。

（4）地震自救与互救措施

发生地震时可以采取的自救与互救措施如下：

1）被困房内的逃生措施。发生地震时要保持沉着冷静，迅速撤离到附近安全地区。住在楼房一层的可迅速撤离到外面。如果来不及逃离，应在室内选择能掩护身体的坚固物体和开间小、有支撑、易形成三角空间的地方躲避，如炕沿下、坚固的家具旁、内墙墙根和墙角、厨房、厕所、储藏室等。室内易碎物品较多时可先躲到桌下。

遇强烈地震时千万不要跳楼逃生，即使跳下也有可能被倒塌的建筑物砸埋，最好在室内寻找有利的地点暂避，等地震波过后再设法脱身。

2）被埋废墟下的自救措施。如果被埋在废墟下无法脱身，余震又不断发生，这时最重要的是树立信心，设法改善局部环境，延长生存时间，等待救援。

①首先要自我救护，利用衣服和毛巾等包扎伤口和止血。

②尽量改善所处的环境，设法避开上方不结实的倒塌物或悬挂物，挪开身边的碎砖瓦和杂物，扩大活动空间，但挪不动时不要勉强，以防周围进一步倒塌。设法用砖石、木棍等支撑残垣断壁，以防余震发生时被进一步埋压。

③听到外面有人呼喊时迅速敲击物体或以哨声发出信号，得不到外面回应时则应尽量保存体力。

④充分利用和节约使用能找到的食物和水。

3）灾民震后互救措施。地震救援要先救近，后救远；先救易，后救难。救人方法如下：

①注意倾听被困人员的呼喊、呻吟和敲击声，根据房屋结构确定被困人员位置后再进行救援，不可用利器刨挖，以免伤人。

②对于埋在废墟中的幸存者，应设法递送易消化的软食和饮料。

③挖掘时应设保护支撑物，边挖边支撑，保持生存空间，防止进一步倒塌。

④先暴露伤员的头部，清除口鼻异物，然后暴露胸腹。如果被困人员窒息，要立即进行人工呼吸。被压者不能自行爬出时，不可生拉硬拽。

⑤如果幸存者被埋压过久，且处于黑暗、窒息、饥渴状态下，救出后应蒙上其眼睛，以免阳光刺激，不要让其突然呼吸大量新鲜空气和进食过多。

⑥对一息尚存的危重伤员，尽可能采取现场急救措施，并迅速将其送往医疗点。

⑦对一时无法救出的存活者，应做好标记以待救援。